铁路房建设备巡检维修指导手册

《铁路房建设备巡检维修指导手册》编委会　编

中国铁道出版社有限公司

2025年·北　京

内容简介

本书以图文并茂的形式介绍了铁路房建设备的巡检、维修、施工工艺和典型病害，以提高房建设备巡检质量，尽早发现设备病害，确保病害得到及时科学整治，提升房建专业管理水平。

本书可作为铁路房建专业培训教材，可供铁路房建专业管理人员、技术人员和维修人员在日常维修管理中参考使用，亦可供相关作业人员参阅。

图书在版编目(CIP)数据

铁路房建设备巡检维修指导手册 /《铁路房建设备巡检维修指导手册》编委会编. -- 北京 ：中国铁道出版社有限公司，2024.9（2025.7 重印）. -- ISBN 978-7-113-31472-9

Ⅰ. TU248.1-62

中国国家版本馆 CIP 数据核字第 2024Q268Q7 号

书　　名：铁路房建设备巡检维修指导手册

作　　者：《铁路房建设备巡检维修指导手册》编委会

责任编辑：李　昕　　编辑部电话：(010)51873141

封面设计：高博越

责任校对：苗　丹

责任印制：赵星辰

出版发行：中国铁道出版社有限公司(100054，北京市西城区右安门西街 8 号)

网　　址：https://www.tdpress.com

印　　刷：北京盛通印刷股份有限公司

版　　次：2024 年 9 月第 1 版　2025 年 7 月第 2 次印刷

开　　本：880 mm×1 230 mm　1/32　印张：3.875　字数：94 千

书　　号：ISBN 978-7-113-31472-9

定　　价：55.00 元

编委会名单

主　　任：陆彦彬

副 主 任：李　晋　石高山

主　　编：黄德忠　代新年

副 主 编：邢宏涛　马九统　杨明卿　刘兆永

编　　委：唐韶魁　赵泽安　张　远　刘　哲

编写人员：乔志玉　唐韶魁　薛宏奇　王锡军
李生新　何伟华　毕耘晨　孙　涛
刘　然　尤小虎　刘　通　何海波
刘　君　李　霆　李少媛　寇　伟
周　峰　洪冲冲　黄　青　郭青磊
董琳琳　乔　巍　冉光庭　王立省
刘　健　刘伯奇　冯海龙　胡海天
王　博　吴笑雷

前　言

房建设备巡检和维修是抓好设备安全的前提，站台、雨棚、天桥、“四电”用房等房建设备质量与行车安全紧密相关，特别是近年来路内多次出现站台侧立面粉层鼓起侵限、雨棚构件风揭脱落等危及行车或影响行车安全的事故，房建设备安全问题日益突出。为提高房建设备巡检质量，尽早发现设备病害，确保病害得到及时科学整治，提升房建专业管理水平。本手册分为铁路房建设备巡检、铁路房建设备维修、铁路房建设备施工工艺、铁路房建设备典型病害4章，其中“铁路房建设备巡检”主要介绍设备分类、技术状态评定、检查方式及周期、检查内容、检查要求、质量评定，“铁路房建设备维修”主要介绍站台侧立面病害整治、透水混凝土路面铺设、装配式围墙安装、普速铁路车站客运设施改造，“铁路房建设备施工工艺”主要介绍金属屋面、混凝土屋面、砌体结构及抹灰、室内地面工程、硅钙板吊顶、楼梯及栏杆、公共卫生间、干挂石材、仿清水混凝土雨棚、站台铺装、彩色透水混凝土地面、电气设备安装12个分部分项的成熟工艺，“铁路房建设备典型病害”主要介绍站台、站房、钢结构雨棚、混凝土雨棚、连廊雨棚、旅客地道、生产生活房屋7类房建设备的典型病害，以期指导房建人员高质量开展设备巡检和维修工作。

本手册由中国铁路郑州局集团有限公司教材编审委员会会同中铁建设集团有限公司、铁科检测有限公司等单位共同编写。

在本手册使用过程中，希望广大铁路职工结合工作实践总结经验、积累资料，及时将有关意见和建议反馈给中国铁路郑州局集团有限公司土地房产部（郑州市二七区陇海中路106号，邮政编码：450052)，供今后修订时参考。

编　者

2024年1月

目　录

第一章　铁路房建设备巡检 …… 1
第一节　设备分类 …… 1
第二节　技术状态评定 …… 2
第三节　检查方式及周期 …… 5
第四节　检查内容 …… 16
第五节　检查要求 …… 19
第六节　质量评定 …… 20
第二章　铁路房建设备维修 …… 22
第一节　站台侧立面病害整治 …… 22
第二节　透水混凝土路面铺设 …… 25
第三节　装配式围墙安装 …… 28
第四节　普速铁路车站客运设施改造 …… 32
第三章　铁路房建设备施工工艺 …… 50
第一节　金属屋面 …… 50
第二节　混凝土屋面 …… 61
第三节　砌体结构及抹灰 …… 63
第四节　室内地面工程 …… 69
第五节　硅钙板吊顶 …… 72
第六节　楼梯及栏杆 …… 74
第七节　公共卫生间 …… 79
第八节　干挂石材 …… 83
第九节　仿清水混凝土雨棚 …… 85
第十节　站台铺装 …… 87

第十一节　彩色透水混凝土地面 …………………………… 90
第十二节　电气设备安装 ………………………………… 91
第四章　铁路房建设备典型病害 ………………………… 99
第一节　站　　台 ………………………………………… 99
第二节　站　　房 ……………………………………… 101
第三节　钢结构雨棚 …………………………………… 105
第四节　混凝土雨棚 …………………………………… 110
第五节　连廊雨棚 ……………………………………… 112
第六节　旅客地道 ……………………………………… 114
第七节　生产生活房屋 ………………………………… 115

第一章　铁路房建设备巡检

第一节　设备分类

一、一类房建设备

(1)设计速度(含既有线提速)200 km/h 及以上铁路站房及附属设备,以及站台雨棚、旅客天桥、旅客地道、旅客站台等构筑物。

(2)客货共线铁路大型及以上客站站房及附属设备,以及站台雨棚、旅客天桥、旅客地道、旅客站台等构筑物。

(3)调度所、"四电"房屋、信息房屋及附属设备。

二、二类房建设备

(1)设计速度(含既有线提速)200 km/h 以下客货共线铁路(大型及以上客站除外)站房及附属设备,以及站台雨棚、旅客天桥、旅客地道、旅客及货物站台、站名牌等构筑物。

(2)站前平台、车站围墙等。

(3)动车检修(检查)库、融冰除雪库等有动车作业的房屋及附属设备。

三、三类房建设备

除一、二类房建设备以外的其他房建设备。

第二节　技术状态评定

一、房　　屋

(一)技术状态评定标准

房屋技术状态评定标准见表1-1。

表1-1　房屋技术状态评定标准

病害项目	评定标准
倒塌危险	按照《危险房屋鉴定标准》(JGJ 125)进行鉴定
严重漏雨	有下列情况之一者为严重漏雨： (1)屋面惯性漏雨，需要翻修屋面占整个屋面面积：平顶屋面5%以上；坡屋面10%以上。 (2)虽经多次修理，仍未解决的惯性漏雨，需重新翻修的
严重腐蚀破裂变形	有下列情况之一者为严重腐蚀破裂变形： (1)承重构件 腐蚀变形严重，虽未达到《危险房屋鉴定标准》(JGJ 125)中“危险构件”的程度，但需整治或重点检查、观测病害发展状态。 (2)非承重构件 ①预制墙板 严重裂缝、变形，节点锈蚀，拼缝嵌料脱落，严重漏水，间隔墙立筋松动、断裂，面层严重破损。 ②砖墙 严重裂缝、弓凸、倾斜、风化、腐蚀，灰缝酥松。 ③石墙 严重开裂、下沉、弓凸、断裂，砂浆酥松，石块脱落。 ④幕墙 板材或玻璃破损超过5处；龙骨或连接件重度锈蚀；固定件松动超过5处；密封胶、密封胶条开裂、剥落超过5处；幕墙排水系统不畅，出现严重漏雨，漏雨呈滴状或线状；开启装置松动超过3处；变形缝固定件松动超过3处。 ⑤金属板屋面 锈蚀或漆面剥落超过10%；固定件或咬口松脱、开裂的金属板面积超过1%；固定件或咬口松动的金属板面积超过10%；龙骨或金属连接件锈蚀严重

续上表

病害项目	评定标准
冻害、蚁害	(1)冻害:基础、墙壁由于冻害产生裂缝并仍在发展或裂缝虽不发展,但产生裂缝较大,影响正常使用的。 (2)蚁害:房屋发现有白蚁蛀蚀的
潮湿返霜	有下列情况之一者为潮湿返霜: (1)室内地面、墙壁常年潮湿,影响使用的。 (2)室内墙壁、顶盖严重结霜凝水,影响使用的。 (3)地下室渗水、积水,影响使用的
电照设备破损	有下列情况之一者为电照设备破损: (1)电线破损、老化造成绝缘不良,有漏电现象,铝、铜导线混用,导线截面偏小,影响正常使用的。 (2)灯头、开关、插座大量残缺破损,相线不进开关,影响安全使用的。 (3)配电箱(柜)防振胶条不严密、油漆残缺、内外不清洁;开关等部件残缺不全,操作失灵,控制元件性能降低,开关与导线连接不牢靠,导线铰接,绝缘老化,各回路编号不正确等
水暖设备破损	有下列情况之一者为水暖设备破损: (1)上下水管路破损漏水,致使大片浸湿墙壁、地面的。 (2)上下水管路大量严重锈蚀或堵塞不通的。 (3)暖气设备锈蚀漏水或管壁严重结垢造成设备不热的。 (4)空调通风设备、管道锈蚀严重,零件损坏、残缺不齐,跑、冒、滴、漏现象严重,影响使用的
消防设备破损	有下列情况之一者为消防设备破损: (1)设备、管道锈蚀严重,零件损坏、残缺不齐,跑、冒、滴、漏现象严重,已无法正常使用的。 (2)消防自动控制系统控制元件失灵或性能降低、老化严重,线路绝缘老化,已无法正常使用
其他破损	(1)一般腐蚀破裂变形,一般漏雨、渗水,檐沟、水落管半数以上破损或全部锈蚀。 (2)顶棚、墙壁抹灰(包括镶贴装修)多处破损剥落或粘贴不牢,影响安全使用或观瞻。

续上表

病害项目	评定标准
其他破损	(3)地面多处破损,严重起沙、空鼓、高低不平,影响使用的。 (4)建筑用电伴热设备故障,不能正常运行,漏电,过载。 (5)房屋四周地面排水不畅,散水、明沟大量破损的。 (6)防火距离不符合当地标准的。 (7)门窗严重破损或普遍漏底失油的。 (8)避雷设施失效,接地电阻超过标准的。 (9)站字固定件锈蚀严重、松动开焊、失稳变形,站字脱漆锈蚀

(二)技术状态等级

按病害项目评定标准评定,技术状态共分为三级。一级是无表中所列的病害;二级是无表中所列的倒塌危险、严重漏雨、严重腐蚀破裂变形,其余病害不超过三项;三级是存在表中所列的倒塌危险、严重漏雨、严重腐蚀破裂变形之一者,或其余病害超过三项。

二、构 筑 物

构筑物技术状态共分为三级,评定标准见表 1-2。

表 1-2 构筑物技术状态评定标准

构筑物	评定标准		
	一 级	二 级	三 级
站台	无病害且不侵限	侵限但不影响二级超限货物运输列车通过;帽石及站台墙有破损,站台面局部坑洼不平,但不影响安全使用	侵限影响二级或一级超限货物运输列车通过;有影响安全使用的各项病害
雨棚	无病害且不侵限	侵限但不影响二级超限货物运输列车通过;有破损、漏雨,但不影响安全使用	侵限影响二级或一级超限货物运输列车通过;有影响安全使用的各项病害

续上表

构筑物	评定标准		
	一　级	二　级	三　级
围墙	无病害	有腐蚀破损、变形及冻害等，但不影响安全使用	有倒塌危险，严重破损或影响安全使用
道路、广场	无病害	有破损、局部坑洼不平或积水，但不影响安全使用	严重破损，大面积坑洼不平或积水，影响安全使用
站名牌	无病害	牌面油漆局部剥落，有破损、倾斜，但不影响安全使用	字迹不清或有严重破损、倾斜，影响安全使用
排水管(沟)	无病害	有破损，局部排水不畅，但不影响安全使用	严重破损，排水不畅，影响安全使用
独立烟囱	无病害	有破损(腐蚀)变形(倾斜)，但不影响安全使用	有倒塌危险，严重破损，影响安全使用
水表井、闸门井、检查井、跌水井、雨水井	无病害	有破损(腐蚀)、漏水、冻害，但不影响安全使用	严重破损、严重漏水，影响安全使用
蓄水池、生活用水塔	无病害	有破损(腐蚀)、漏水，但不影响安全使用	严重破损、严重漏水，影响安全使用

第三节　检查方式及周期

一、日常检查

巡检人员每天按规定路线对房建设备进行巡检。检查范围为高速铁路客站、客货共线大型及以上客站的候车厅、旅客通道、旅客跨线天桥、站台、雨棚等房建设备。重点检查设备外观变形、破损和悬挂杆件牢固情况，其他可能影响旅客和行车安全的设备隐患。日常检查内容及标准见表1-3。

表 1-3　房建设备日巡巡检内容及标准

建(构)筑物	内　容	标　准
站台	站台面	地面砖、盲道、安全线无破损、松动、塌陷,无积水
	站台帽	外沿无明显突出、变形、破损,粉层无脱落,站台帽无明显凸出
	站台墙	外沿无明显突出、变形、破损,粉层无脱落,站台墙无明显凸出
	栏杆及玻璃	无松动、缺损
	停车位置标	无松动、缺损
风雨棚	扣板及压条	无松动、脱落
	挂件(挂杆、吊件)	无松动、变形
	屋面板	无透光及渗漏、松动、翘曲
	屋面檐口	无松动
	悬挂物	顶棚悬挂无异物
	风雨棚柱	无异物,涂层或石材无剥落
	雨水斗、管、管卡	无变形、松动
	电照设备	无破损
站房	顶棚及扣件	无脱落松动,龙骨无锈蚀
	顶棚灯具	无松动
	顶棚及渗漏	无透光、渗漏
	墙面饰材	无松动、位移、脱落、空鼓
	地面	无缺失、破损、变形
	上下水	流畅无阻塞
	配电箱	完好
	门窗	无破损、完好
地道	顶棚	无脱落松动,龙骨无锈蚀,粉层无脱落
	石材墙面	无松动、位移、脱落、空鼓
	地面	无缺失、破损、变形

续上表

建(构)筑物	内容	标准
天桥	顶棚	无脱落松动,龙骨无锈蚀,粉层无脱落
	内外墙饰面	无松动、位移、脱落、空鼓
	栏杆及维护结构	无松动、缺失
	地面	无缺失、破损、变形
地面玻璃	楼层地面玻璃	玻璃无破损,固定件无松动,胶缝、胶条无老化、破损,压条、防护构件无破损、变形、翘曲

二、定期检查

由检修人员对检查项目按周期进行检查。检查范围主要包括承重梁和承重构件等承重结构;屋面及防水、吊顶、幕墙、墙体面层、楼地面、门窗等非承重结构;暖通、给排水、电力等附属设备。检查内容及标准见表1-4、表1-5。

表1-4　房建设备月巡巡检内容及标准

建(构)筑物	内容	标准
一类、二类房屋	主体	房屋承重结构、围护结构、基础、散水、楼地面无破损、开裂、下沉、倾斜、漏筋,伸缩缝面层无松动、翘起
	室外吊顶及外墙	室外装饰贴挂面材无空鼓、脱落,外墙粉层无空鼓、翘皮、脱落,吊顶面板平直,面板、龙骨连接牢固无锈蚀、破损
一类、二类、三类房屋	电照设备	配电箱无私拉乱扯,电线路无破损
	栏杆(栏板)	栏杆及玻璃固定牢靠无松脱、破损
一类、二类房建设备	排水系统	井盖面板、固定件无松动、破损
站台	站台面层及帽石	站台帽、面层石材、盲道砖、安全线无松动、变形、破损,站台面无下沉,变形缝完好,井盖无松动、破损
	站台墙	站台墙无空鼓、下沉、开裂、脱落,泄水孔通畅,变形缝完好

续上表

建(构)筑物	内　容	标　　准
站台	站台栏杆	站台栏杆及玻璃固定牢靠无松脱、破损
	边坡	边坡无塌陷、滑坡、硬化层开裂,泄水口通畅
雨棚	雨棚屋面系统	雨棚屋面无漏雨,雨棚天沟、落水管无堵塞、积水,雨棚吊顶系统连接可靠,岩棉无脱落,雨棚玻璃无破损,钢丝网无断裂、脱落,封檐板、屋面板及压条无翘起、松脱,不存在冰挂
	雨棚钢结构节点	焊接节点焊缝或螺栓节点表面无裂纹,螺栓与节点的接缝处填嵌严密,螺栓节点相连的封板(锥头、套筒)外观无裂纹和过翘,支座处的连接无滑动、位移
	雨棚钢结构杆件	钢结构杆件轴线顺直、平整,表面无缺陷,杆件连接无松动,网架杆件弯度无异变,不存在鸟窝
	雨棚钢结构涂装	钢结构杆件、节点、钢柱及钢梁表面无锈蚀脱漆,表面涂层无空鼓,节点接缝处的螺栓无锈斑,屋面压型钢板表面无锈蚀
	雨棚柱及附属物	柱体结构无变形、下沉,面层无空鼓、脱落,雨棚附属物安装牢固,静态标识吊杆连接可靠、各种管线桥架等无松脱,落水管无破损、松动
天桥、地道、楼梯	旅客跨线天桥	承重结构无变形、裂缝、锈蚀,基础无不均匀沉降,吊顶面层、内外墙饰面无脱落隐患,地面石材、窗户、百叶无破损、松动,吊顶杆件无锈蚀,栏杆及围护结构牢固无松脱、破损
	旅客地道	顶棚、墙面石材及粉层无空鼓、脱落,地面石材无破损、松动
	楼梯	栏杆牢固无松脱、破损,墙面粉层或饰面砖无空鼓、脱落,台阶无破损
防护围墙	防护围墙(每月一次)	防护围墙墙体无倾斜、裂缝、缺口,基础无沉降,粉层无脱落,作业门无破损,高度满足标准,刺丝滚笼无破损、锈蚀,泄水口通畅

表 1-5　房建设备季巡巡检内容及标准

建(构)筑物	内　　容	标　　准
一类、二类、三类房屋	屋面排水（雨季一个月）	雨水箅子及雨水斗无堵塞、缺失，落水管通畅、牢固无缺失、脱节，屋面无杂物、长草，屋面防水层无老化、开裂、空鼓，透光板无破损、渗漏、积水，避雷装置无松动、开焊、失效
	室内装饰	室内装饰贴挂面材无空鼓、脱落，外墙粉层无空鼓、翘皮、脱落，吊顶面板平直，面板、龙骨连接牢固无锈蚀、破损
	给排水	给排水、消防管道无跑冒滴漏，排水通畅
	站房及部分公共设施门窗	门窗无破损、变形、松脱、锈蚀
三类房屋	主体	房屋承重结构、围护结构、基础、散水、楼地面无破损、开裂、下沉、倾斜、漏筋，伸缩缝面层无松动、翘起
	室外吊顶及外墙	室内外装饰贴挂面材无空鼓、脱落，外墙粉层无空鼓、翘皮、脱落，吊顶面板平直，面板、龙骨连接牢固无锈蚀、破损
钢结构	钢结构球节点	焊接球节点焊缝或螺栓球节点表面无裂纹，螺栓与球节点的接缝处填嵌严密，与螺栓球节点相连的封板（锥头、套筒）外观无裂纹和过翘
	钢结构杆件	钢结构杆件轴线顺直、平整，表面无缺陷，杆件连接无松动
	钢网架挠度	每跨网架杆件弯度无异变，网架上的玻璃无破损
	钢结构涂装	钢结构杆件、球节点、钢柱及钢梁表面无锈蚀脱漆，表面涂层无空鼓，球节点接缝处的螺栓无锈斑，屋面压型钢板表面无锈蚀
	钢结构支座	支座处连接牢固，支座、垫板、螺栓等配件无滑动、位移、缺失、锈蚀、破损
幕墙	幕墙系统	系统整体无变形、错位、松动，开启部分启闭灵活，五金附件无功能障碍或损坏，安装螺栓或螺钉无松动、失效
	幕墙面板	面材无松动、破损，面材与基层的连接牢固
	幕墙固定件	承力构件、连接构件和联结螺栓等无破损，连接可靠，无锈蚀

续上表

建(构)筑物	内　　容	标　　准
幕墙	幕墙胶缝、胶条	密封胶无脱胶、开裂、起泡，密封胶条无脱落、老化、损坏
	幕墙排水	幕墙排水系统通畅

每周巡检不少于一次的项目：一类房建设备的楼层玻璃地面。

每半月巡检不少于一次的项目：一、二、三类房建设备的生活水泵。

每月巡检不少于一次的项目：一类房建设备的室外吊顶顶棚系统、栏杆、栏板、吸声板、雨水系统（雨季）、井盖、给排水管道及配电箱，二类房建设备的楼层玻璃地面、雨水系统（雨季），站区防护封闭围墙。

其他房建设备每季度巡检不少于一次。对发现的重点病害设备，视情况加密检查频次。房建设备（房屋、构筑物承重构件、非承重构件，暖通及给排水设备、电力设备）检查周期见表 1-6～表 1-9。

表 1-6　房屋、构筑物承重结构检查周期

检查部位	项　　目	一　类		二　类		三　类	
		竣工后前 20 年	竣工 20 年后	竣工后前 20 年	竣工 20 年后	竣工后前 20 年	竣工 20 年后
钢混结构、钢结构主要构件涂装（室内）	整体技术状态、局部裂纹剥落、锈蚀	一年	半年	一年	一年	一年	一年
钢结构主要构件涂装（室外）	涂装剥落、锈蚀、变形开裂、连接件	半年	半年	一年	半年	一年	半年
连接杆件焊缝	裂缝气泡、砂眼	半年	半年	一年	半年	一年	一年
螺栓连接杆件变形	松动	半年	一季度	一年	半年	一年	一年

表 1-7　房屋、构筑物非承重构件检查周期

检查部位		项　　目	一类设备	二类设备	三类设备
卷材或刚性防水屋面		泛水、防水层搭接、变形缝、上人屋面面层、上人孔盖板、出屋面节点	半年	一年	一年
金属屋面		檐口、屋脊、变形缝、泛水板、固定件、加固构件、密封胶、密封胶条、上人孔盖板、出屋面节点	半年	一年	一年
采光顶屋面（玻璃或其他采光板屋面）		玻璃或其他采光板、固定件、胶缝、胶条、变形缝、泛水板、加固构件、开启扇五金件	一季度	半年	一年
		排烟窗的开启装置	一季度	半年	一年
		清扫、清洁	一年		
吊顶顶棚系统	室外	装饰面层及板材、板材与龙骨的连接件、龙骨与主体结构的连接件、变形缝、维修加固构件、密封胶、开启装置	一个月	半年	一年
	室内	装饰面层及板材、板材与龙骨的连接件、龙骨与主体结构的连接件、变形缝、维修加固构件、密封胶、开启装置	一季度	半年	一年
透明幕墙（含玻璃、阳光板等透明幕墙）		玻璃或其他采光板、固定件、胶缝、胶条、变形缝、连接构件、幕墙排水系统、开启扇五金件	半年	一年	一年
		排烟窗的开启装置	一季度	半年	一年
室内玻璃隔断		玻璃或其他采光板、固定件、胶缝、胶条、变形缝、连接构件、开启扇五金件	半年	一年	一年

续上表

检查部位	项　目	一类设备	二类设备	三类设备
板材类非透明幕墙（含金属、石材、人造板材等非透明幕墙）	面板、固定件、胶缝、胶条、变形缝、连接构件、幕墙排水系统、开启装置	一季度	半年	一年
挂贴板材外墙面	面板、面板与基层的连接、变形缝	一季度	半年	一年
挂贴板材内墙面	面板、面板与基层的连接、变形缝	半年	一年	一年
干挂板材内墙面	面板、固定件、胶缝、胶条、变形缝、连接构件、开启装置	半年	半年	一年
涂料外墙面	面层、面层与基层的粘结、变形缝	半年	一年	一年
涂料内墙面	面层、面层与基层的粘结、变形缝	半年	一年	一年
外门窗	玻璃或其他采光板、固定件、胶缝、胶条、连接构件、排水装置、开启扇五金件	半年	一年	一年
	排烟窗的开启装置	一季度	半年	一年
内门窗	玻璃或其他采光板、固定件、胶缝、胶条、连接构件、开启扇五金件	一季度	半年	一年
室外楼地面	面层、面层与基层的粘结、变形缝	半年	一年	一年
室内楼地面	面层，面层与基层的粘结、连接，变形缝	一年	一年	一年
楼层玻璃地面	玻璃、固定件、胶缝、胶条、压条、防护构件	一周	一个月	一季度

续上表

检查部位	项　　目	一类设备	二类设备	三类设备
建筑用电伴热设备	试运行、漏电检测、过载检测	一年（入冬前）	一年（入冬前）	
防火涂料(室外)	与基层的粘结	半年	一年	一年
防火涂料(室内)	与基层的粘结	半年	一年	一年
栏杆(栏板)	玻璃、固定件	一个月	一季度	半年
吸声板	板材、固定件	一个月	一季度	半年
站名牌	破损、油漆脱落	半年	一年	
雨水系统	雨水口,雨水管焊缝,雨水管卡件、连接件	雨季一个月	雨季一个月,其他一季度	雨季1次
井盖(道路、广场等有人通行的区域)	面板、固定件、支撑件、表面杂物	一个月	一季度	半年
井盖(无人通行的区域)	面板、固定件、支撑件、表面杂物	一季度	半年	一年
安全门、屏蔽门	玻璃、固定件、胶缝、胶条、连接构件、开启扇五金件	一周	一个月	半年

表 1-8　暖通及给排水设备检查周期

检查部位	项　目	一　类	二　类	三　类
在轨行区上部的各种管道	松动、漏水	一个月	一季度	
为“四电”房屋服务的空调、采暖等设施	运行情况	一个月	半年	
生活水泵	运行情况	半个月	半个月	半个月
冷水机组、附属设备	运行情况	依据产品使用说明书	依据产品使用说明书	依据产品使用说明书

续上表

检查部位	项　目	一　类	二　类	三　类
风机盘管	运行情况	一个月	一季度	一季度
风机、新风机组、组合空调箱	运行情况	依据产品使用说明书	依据产品使用说明书	依据产品使用说明书
采暖、空调、通风、给排水管路和附件	漏水、锈蚀等	一个月	一季度	一季度

注：设备使用说明书对检查频次有明确规定的，执行说明书规定。

表 1-9　电力设备检查周期

检查部位	项　目	一　类	二　类	三　类
配电箱	电流互感器、断路器或熔断器、隔离开关或负荷开关、控制元件、接线端子等部分	一个月	一季度	一季度
开关、插座	开关、插座、接线端子等部分	一季度	半年	半年
导线、配管	导线、配管、连接线等部分	半年	一年	一年
避雷装置、接地装置	避雷装置：避雷网、保护间隙、击穿保险、避雷器及其引下线、断接卡子、支持物、紧固件、连接线、连接头、连接点等部分。 接地装置：接地体、接地线零线、支持物、紧固件、分接头、连接头、连接点等部分	一年（雷雨季节来临之前）		

注：设备使用说明书对检查频次有明确规定的，执行说明书规定。

三、春（秋）季检查

每年春（秋）季由房建设备管理单位组织技术人员、巡检人员及使用单位，对房建设备技术状态和使用情况进行全面检查。检查结果应逐栋、逐件做好记录，填写房建设备病害报告表及技术状态等级表。春（秋）季检查，应注意房建设备隐蔽部位，必要时可进行无损结构破检并及时修复。房建设备定期检查与春（秋）季检查时间重合时，可合并实施。

四、应急检查

应急检查为极端灾害环境下的检查，如遭遇大风、暴雨、强降雪、冰雹、地震以及外力破坏等灾害时，应立即对可能危及人员及行车安全的房建设备进行检查和现场评估。对暂时可以使用的病害设备，采取有效措施，维持设备使用安全，必要时派人现场盯守；对不能使用的病害设备立即停用，并由房建设备管理单位书面通知使用单位做好相关工作。应急检查项目见表 1-10。

表 1-10　房建设备应急检查项目

灾害类型	检查部位	检查项目	检查时间		
			一　类	二　类	三　类
8 级及以上大风	所有室外构件	全面检查	之前检查、过程盯控、之后复查	之前检查、之后复查	之后检查
冰雹	屋面、墙面、封檐等室外构件	全面检查	之后检查	之后检查	之后检查
火灾	火灾范围所有构件	全面检查	之后检查	之后检查	之后检查
强降雪	屋面大跨度梁(跨度大于 60 m)、斜拉索	全面检查	过程盯控、达到设计荷载，及时采取措施	达到设计荷载，及时采取措施	达到设计荷载，及时采取措施
暴雨	金属屋面	密封胶、密封胶条、加固部位、出屋面节点	雨前检查		
		漏雨情况	过程盯控	之后检查	之后检查
	排水系统	排水能力	过程中	过程中	
地震	承重结构和维护结构	沉降、变形、倒塌、失稳	震后检查	震后检查	震后检查

五、其他情况下巡检

专项运输及工务部门临近站台维修施工时，应按规定对重点走行线路房建设备及时进行巡检(检测)、记录。

联调联试及试运行期间，钢(网架)结构、玻璃(石材、金属)幕墙巡检每周不少于一次，“四电”房屋巡检每月不少于两次。

六、检测、监测

房建部门组织、房建设备管理单位委托具有资质的专业单位对网架结构、幕墙系统、无站台柱雨棚、跨度 12 m 以上的钢结构、防雷装置按规范要求和委托运输管理协议内容及时进行检查、检测，对房建设备安全性做出评价，并提出相应的处理意见。若发生重大灾害或突发事件后，应尽快对受影响的房建设备进行检查、检测。

第四节　检查内容

一、房　　屋

房建设备管理单位要对屋面及防水、室内外装饰装修、承重构件、基础及地面等项目进行巡视检查，并填写记录。

重点巡视检查内容：

(1)屋面排水。主要检查雨水箅子及雨水斗是否堵塞，落水管是否通畅，天沟杂物是否清理，屋面伸缩缝面层是否滑移，屋面防水层是否老化开裂，透光板是否破损渗漏等。

(2)钢结构球节点。主要检查焊接球节点焊缝或螺栓球节点表面是否有裂纹，螺栓与球节点的接缝处填嵌是否严密，螺栓球节点相连的封板(锥头、套筒)外观有无裂纹和过翘等。

(3)钢构杆件。主要检查钢结构杆件轴线是否顺直、平整，表面是否存在缺陷，杆件连接是否牢固等。

(4)钢网架挠度。主要检查每跨网架杆件弯度是否出现异变，网架上的玻璃是否破损等。

(5)钢结构涂装。主要检查钢结构杆件、球节点、钢柱及钢梁表面是否锈蚀脱漆，表面涂层是否空鼓，与球节点接缝处的螺栓是否有锈斑，屋面压型钢板表面是否锈蚀等。

(6)钢结构支座。主要检查支座处的连接牢固情况，支座、垫板、螺栓等配件的滑动、位移、缺失、锈蚀、破损情况。

(7)室内外装饰。主要检查室内外装饰贴挂面材是否空鼓脱落，吊顶面板是否平直，面板、龙骨、主体结构连接是否牢固、锈蚀、破损等。

(8)房屋主体。主要检查房屋承重结构、围护结构、基础、楼地面是否破损、开裂、下沉、倾斜等。

(9)水电门窗。主要检查给排水、消防管道是否跑冒滴漏，门窗是否破损松脱，电线路是否破损等。

二、幕墙系统(玻璃、石材、金属)

房建设备管理单位对幕墙系统的面材、固定件、胶缝、胶条、变形缝等项目进行巡视检查，并填写记录。

重点巡视检查内容：

(1)幕墙系统。主要检查系统整体有无变形、错位、松动，开启部分是否启闭灵活，五金附件是否有功能障碍或损坏，安装螺栓或螺钉是否松动和失效等。

(2)幕墙面板。主要检查面材有无松动和破损，面材与基层(干挂龙骨)的连接是否牢固等。

(3)幕墙固定件。主要检查承力构件、连接构件和联结螺栓等是否破损，连接是否可靠，有无锈蚀等。

(4)幕墙胶缝、胶条。主要检查密封胶有无脱胶、开裂、起泡，密封胶条有无脱落、老化、损坏等。

(5)幕墙排水系统。幕墙排水系统是否通畅。

三、站台、围墙及附属设备

房建设备管理单位要对站台及附属设备进行巡视检查,站台限界按要求做好测量,并填写记录。

重点巡视检查内容:

(1)站台面层及帽石。主要检查站台帽石是否松动、变形、破损,侧立面是否空鼓脱落,面层石材、盲道、安全线是否松动、变形、破损,站台面是否下沉,变形缝是否完好等。

(2)站台墙。主要检查站台墙是否空鼓、下沉、开裂,吸声板是否平整,有无松动、破损,泄水孔是否堵塞,变形缝是否完好等。

(3)站台栏杆及动车组停车位置标。主要检查站台栏杆固定是否牢靠,栏杆杆件是否松脱,玻璃栏板是否破损等,不含客运安全门(玻璃隔断)。检查管理的站台停车位置标跟部固定是否牢固,面板与柱杆连接是否牢固、完好,字迹是否清晰。

(4)封闭围墙和房建设备边坡。主要检查围墙墙体是否倾斜、出现裂缝、缺口,基础是否沉降,粉层是否脱落,作业门是否破损,高度是否满足标准,刺丝滚笼是否破损,泄水口是否通畅等;边坡是否出现塌陷、滑坡、硬化层开裂,泄水口是否通畅等。

四、雨棚及附属设备

房建设备管理单位要对雨棚及附属设备进行巡视检查,雨棚限界按要求做好测量,并填写记录。

重点巡视检查内容:

(1)雨棚屋面系统。主要检查雨棚屋面是否漏雨,雨棚天沟、落水管是否堵塞积水,雨棚吊顶系统是否可靠连接,岩棉是否脱落,雨棚玻璃是否破损,钢丝网是否断裂、脱落,封檐板(屋面板)及压条是否翘起、松脱,是否存在冰挂等。

(2)雨棚钢结构节点。主要检查焊接节点焊缝或螺栓节点表面是否有裂纹,螺栓与节点的接缝处填嵌是否严密,与螺栓节点相连的封板(锥头、套筒)外观有无裂纹和过翘等;支座处的连接情况及支座的滑动或位移情况等。

(3)雨棚钢结构杆件。主要检查钢结构杆件轴线是否顺直、平整,表面是否存在缺陷,杆件连接是否松动,网架杆件弯度是否出现异变,是否存在鸟窝等。

(4)雨棚钢结构涂装。主要检查钢结构杆件、节点、钢柱及钢梁表面是否有锈蚀脱漆,表面涂层是否空鼓,节点接缝处的螺栓是否有锈斑,屋面压型钢板表面是否锈蚀等。

(5)雨棚柱及附属物。主要检查柱体结构是否变形、下沉,面层是否空鼓、脱落,雨棚附属物安装是否牢固(静态标识吊杆连接是否可靠、各种管线桥架等是否松脱),落水管是否破损松动等。

五、站内旅客跨线天桥、旅客地道装饰面层及附属楼梯

房建设备管理单位要对站内旅客跨线天桥、旅客地道及附属楼梯进行巡视检查,天桥限界按要求做好测量,并填写记录。

重点巡视检查内容:

(1)天桥主体结构。主要检查旅客天桥承重结构是否变形、有无裂缝、锈蚀,基础是否存在不均匀沉降。

(2)装饰面层。主要检查吊顶面层、内外墙石材(饰面)是否有脱落隐患,地面石材、窗户(玻璃、百叶)是否破损、松动,吊顶杆件是否锈蚀等。

(3)栏杆(栏板)及围护结构。主要检查栏杆(栏板)及围护结构是否牢固、有无破损等。

第五节　检查要求

房建设备管理单位要根据管辖范围内房建设备的实际情况,

制定相应的房建设备检查制度和原始台账资料记录保管制度,细化落实措施,明确职责范围及检查任务,逐级负责,严格考核。

房建设备巡视检查按周期制定巡检计划及线路图,定人、定岗、定线路、定设备及检查内容,及时记录设备隐患变化情况,建立动态问题库及销号制度,对发现的隐患按规定有计划地安排整治。

站台安全线以内不影响铁路行车设备使用和行车安全的房建设备巡视检查可在天窗点外进行;其他影响铁路行车设备使用和行车安全的巡检作业必须在天窗点内进行。按照集团公司营业线施工相关管理规定执行。

巡视检查过程中,零小病害做到随检随修;对未能及时修理且影响安全的病害应采取防护措施。对于钢结构主要构件位于隐蔽部位的,抽样10%进行检查。

发生房建设备突发事件时,视具体情况按照有关房建设备应急处置预案程序进行处置。

第六节　质量评定

一、评定方法及标准

(1)各项巡检按照规定周期进行。

(2)检查记录与实物相符,病害描述准确、全面,病害状态描述动态更新。

(3)不存在漏检、漏修、漏报。

(4)技术状态评定及时、正确。

二、评定方式

(1)日常检查:房建部门对房建设备管理单位随机抽查。房建设备管理单位对车间每月至少抽查一次,每季度至少全覆盖检查一次。

(2)定期检查:房建设备管理单位每月组织对车间进行不少于40件房建设备核查,并提报检查报表。房建部门每月对房建设备管理单位抽查10件房建设备。

第二章　铁路房建设备维修

第一节　站台侧立面病害整治

通过对管内各高铁站台侧立面装饰面层脱落病害进行现场排查，结合房建公寓段日常巡检掌握的病害情况，大致将病害分为三类并逐一确定针对性整治方案。

一、第一类病害整治

钢筋混凝土立面涂层、抹灰层脱落，平整度在 20 mm 以内。

1. 整治方案

清理基层，打磨顺平凹凸结合处，喷刷外墙涂料(颜色为水泥灰)。

2. 施工工艺

基层清理→磨平→刷界面剂→喷涂涂料。

3. 施工要点

清除基层表面上的松散物，打磨平顺，无明显凹坑、突渣，新刷界面剂一道，丙烯酸酯防水涂料两道。

站台帽石第一类病害整治如图 2-1 所示。

二、第二类病害整治

站台帽石下部垫层风化脱落但立面抹灰层完整。

1. 整治方案

清理松散垫层，采用聚合物砂浆填充与立面粉层保持平整，全立面喷刷外墙涂料处理(颜色为水泥灰)。

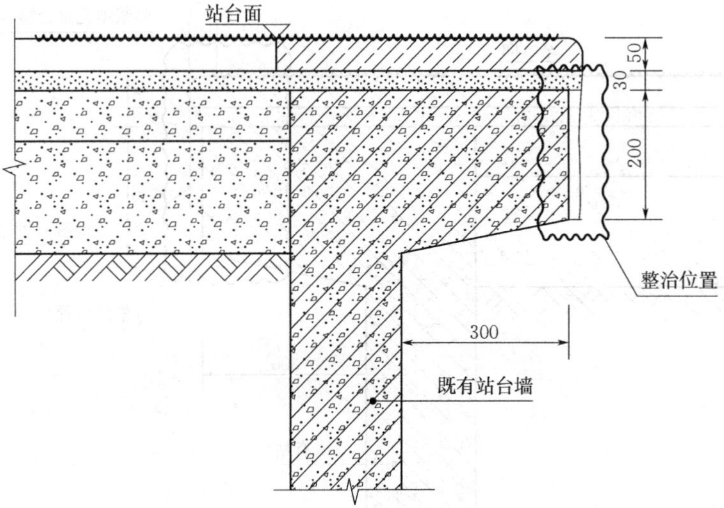

图 2-1　站台帽石第一类病害整治(单位:mm)

2. 施工工艺

基层清理→聚合物水泥砂浆填充→刷界面剂→喷涂涂料。

3. 施工要点

垫层清理深度不小于 5 cm,聚合物水泥砂浆强度不小于 M7.5,新刷界面剂一道,丙烯酸酯防水涂料两道。

站台帽石第二类病害整治如图 2-2 所示。

三、第三类病害整治

站台帽石下部垫层及钢筋混凝土立面抹灰面脱落,打磨处理平整仍超出 20 mm。

1. 整治方案

清理基层,聚合物砂浆填充垫层孔洞,表层植筋挂网,面层利用聚合物砂浆粉刷封闭,保持整体平整,最后喷刷外墙涂料(颜色为水泥灰)。

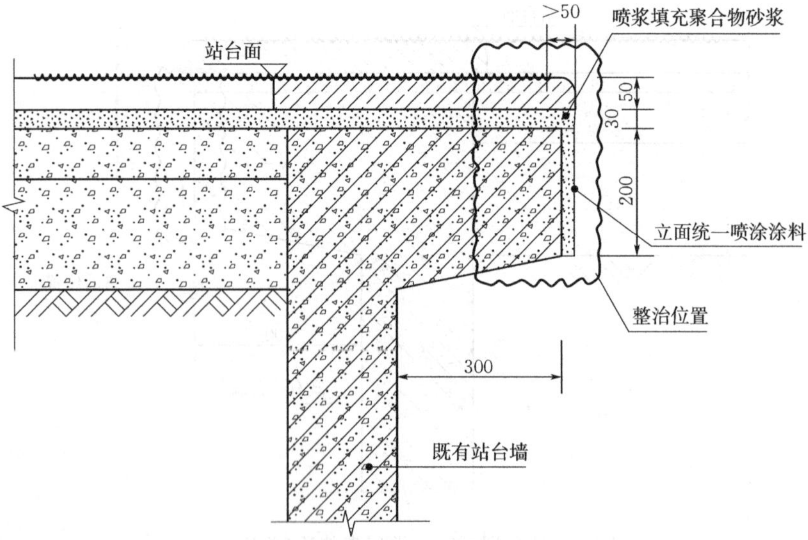

图 2-2　站台帽石第二类病害整治(单位:mm)

2. 施工工艺

基层清理→垫层聚合物水泥砂浆填充→表层挂密目钢丝网→面层聚合物水泥砂浆封闭→刷界面剂→喷涂涂料。

3. 施工要点

清理松散垫层,清理深度不小于 10 cm;侧面混凝土墙消除表面缺陷,光滑面凿毛;聚合物水泥砂浆强度不小于 M7.5;钢丝网选用不大于 1.5 mm 密目不锈钢丝网片,采用 M5 膨胀螺栓固定于钢筋混凝土内,固定点间距不大于 20 cm,上部采用植筋固定于垫层内,植筋深度不小于 20 cm,固定点间距不大于 20 cm,植筋采用 M6 膨胀螺栓,并用结构植筋胶固定;聚合物水泥砂浆封闭面层刷界面剂一道,丙烯酸酯防水涂料两道。

站台帽石第三类病害整治如图 2-3 所示。

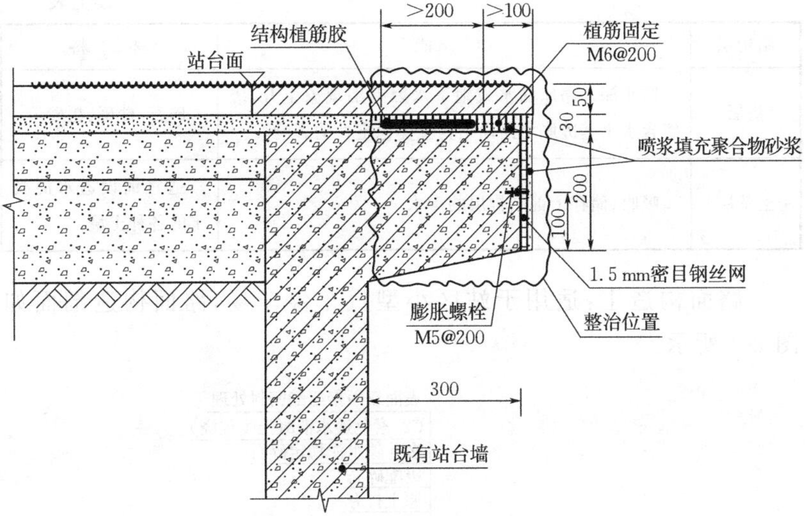

图 2-3 站台帽石第三类病害整治(单位:mm)

第二节 透水混凝土路面铺设

一、适用范围

站区主要道路采用黑色沥青混凝土路面,站区小型汽车停车场和户外健身场地采用混凝土路面或透水混凝土路面。

二、路面构造

透水混凝土路面构造组合见表 2-1。

表 2-1 透水混凝土路面构造组合

结构层	功　能	材　料
面层	直接承受荷载、透水、抗磨耗、抗滑	透水混凝土
基层	主要承受荷载、透水、储水	透水混凝土稳定碎石级配砂砾

续上表

结构层	功　　能	材　　料
垫层	防止深入路床的水或地下水因毛细现象上升，缓解含水土基冻胀对路面结构整体稳定性的影响	碎石、砂砾、粗砂等
土基层	吸收、储存上部结构层的渗水	适宜铺设透水混凝土的各种土壤

路面构造Ⅰ：适用于站区小型汽车停车场，路面构造剖面如图 2-4 所示。

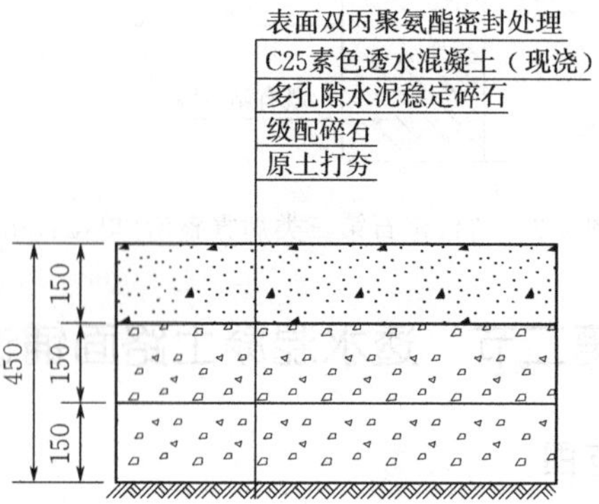

图 2-4　路面构造Ⅰ剖面示意(单位：mm)

路面构造Ⅱ：适用于道路两侧的人行道、户外健身场地，路面构造剖面如图 2-5 所示。

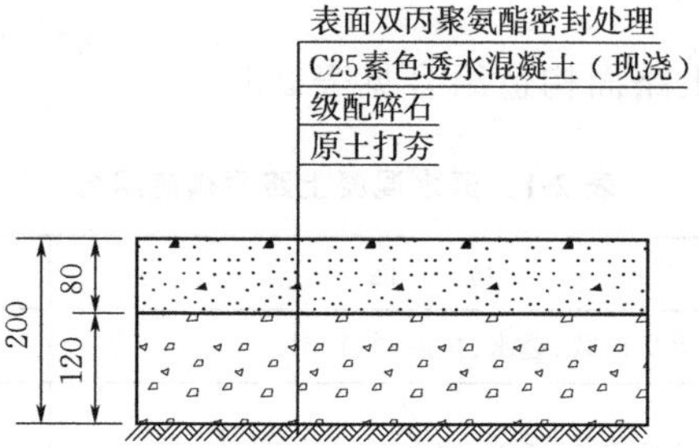

图 2-5　路面构造Ⅱ剖面示意(单位：mm)

路面构造Ⅲ:适用于绿化地内人行小径,路面构造剖面如图 2-6 所示。

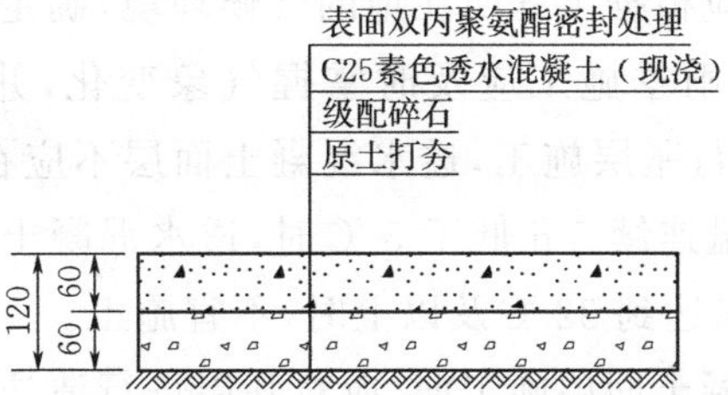

图 2-6　路面构造Ⅲ剖面示意(单位:mm)

路面构造Ⅳ:适用于股道间及股道边易生长杂草区域及其他不上人的小区域地面硬化处,路面构造剖面如图 2-7 所示。

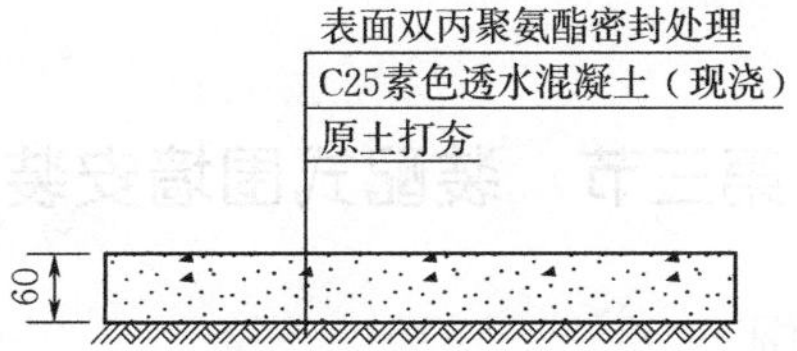

图 2-7　路面构造Ⅳ剖面示意(单位:mm)

三、技术要求

1. 透水混凝土面层应采用强度等级不低于 42.5 级的硅酸盐水泥或普通硅酸盐水泥。

2. 透水混凝土采用的集料,必须为质地坚硬、耐久、洁净、密实的碎石料。

3. 透水混凝土面层应设置纵向和横向缩缝,纵向缩缝的间距应在 3～4.5 m 范围内,横向缩缝的间距宜为 4～6 m,缩缝切割深度宜为面层厚度的 1/3～1/2。

4. 当透水混凝土面层施工长度超过 30 m,应设置胀缝;透水混凝土面与建筑物、雨水口、铺面的砌块、沥青铺面等其他构造连接处,应设置胀缝。胀缝深度应与路面厚度相同。

四、施工注意事项

1. 施工中应根据工程所在地的气候环境，确定冬季、夏季和雨季的起止时间；雨季施工应及时掌握气象变化，并应做好防范准备，雨天不宜进行基层施工，透水混凝土面层不应在雨天浇筑。当室外日平均气温连续 5 d 低于 5 ℃时，透水混凝土路面不得施工。当室外最高气温达到 32 ℃及以上时，不宜施工。

2. 透水混凝土面层施工前，应对基层进行清洁处理，处理后的基层表面应粗糙、清洁、无积水，并保持一定的湿润状态。

3. 透水混凝土路面施工完毕后，宜采用塑料薄膜覆盖等方法养护。养护时间应根据透水混凝土强度增长情况确定，养护时间不宜小于 14 d。

第三节　装配式围墙安装

一、适用范围

装配式围墙主要适用于普速铁路站区封闭网改造为封闭围墙、站区破旧围墙改造等站区封闭设施改造。装配式围墙安装后成品效果如图 2-8 所示。站区封闭设施改造应结合现场实际情况选择砖砌围墙、装配式围墙等形式，达到“规范、统一、协调、美观”的要求。

图 2-8　装配式围墙

二、基本技术要求

1. 装配式围墙采用型钢立柱＋ALC墙板的形式，现场装配组合而成。钢立柱采用H125型钢，起、终点立柱采用14b槽钢。ALC墙板采用长4 000 mm、宽600 mm、厚100 mm的成品预制板。

2. 新建围墙高度一般不低于2.5 m，特殊情况下可根据现场情况适当调整。

3. 装配式围墙钢立柱基础采用独立现浇混凝土基础，强度等级不低于C25。钢立柱基础之间设混凝土垫层，防止雨水冲刷。垫层宽度为300 mm，厚度为200 mm。

4. 装配式围墙与既有封闭围墙应协调统一，围墙底部墙面600 mm高深灰色墙裙，上部为白色墙面，围墙顶部安装500 mm高刺丝滚笼。

三、装配式围墙参考标准

1. 基础采用独立现浇混凝土基础，强度等级不低于C25，基础尺寸(长×宽×高)一般为800 mm×600 mm×1 000 mm，基础形式、大小和埋深应根据现场地质、内外高差等情况由设计确定。现浇C25混凝土基础如图2-9所示。

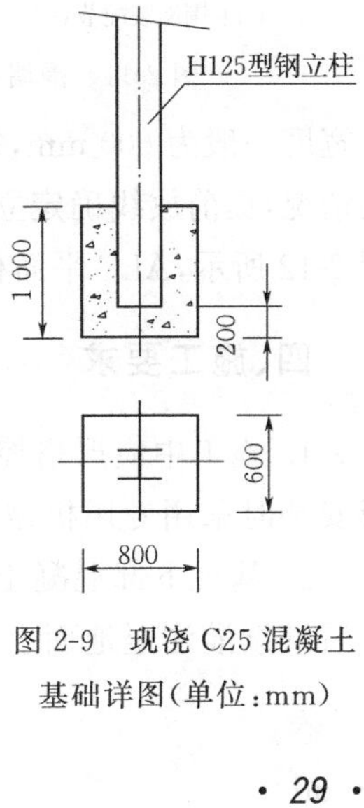

图2-9　现浇C25混凝土基础详图(单位:mm)

2. 钢立柱采用H125型钢，H型钢立柱大样如图2-10所示；起、终点立柱采用14b槽钢；拐角处立柱采用两槽钢焊接而成。围墙装配节点、拐角处节点大样如图2-11所示；一般情况下，立柱间距按照4 m控制，现场可根据围墙长度、铁路地界、施工现场环境、地下管线、电缆等因素，适当调整立柱间距。

3. 墙体采用ALC平面板。ALC平面

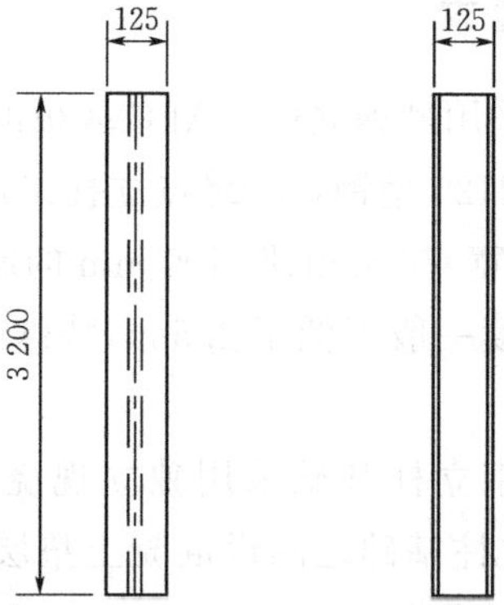

图 2-10　H 型钢立柱大样(单位:mm)

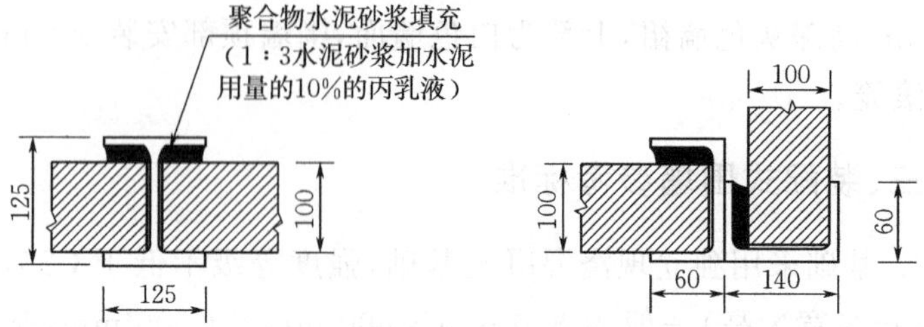

（a）围墙装配节点　　（b）拐角处节点

图 2-11　围墙装配节点、拐角处节点大样(单位:mm)

板宽度一般为 600 mm,每个柱间布置 4 块板材;ALC 墙板应结合现场情况,提前放线确定立柱间距后向厂家定制。装配式围墙立面如图 2-12 所示,ALC 平面板配筋如图 2-13 所示。

四、施工要求

1. 施工中应严格控制立柱坐标和标高,立柱要垂直,立柱和墙板安装时采用专用机械设备吊装。

2. 基坑下部混凝土灌注到立柱设计标高时,放置并定位好立柱后继续灌注至地面上 0.1 m。

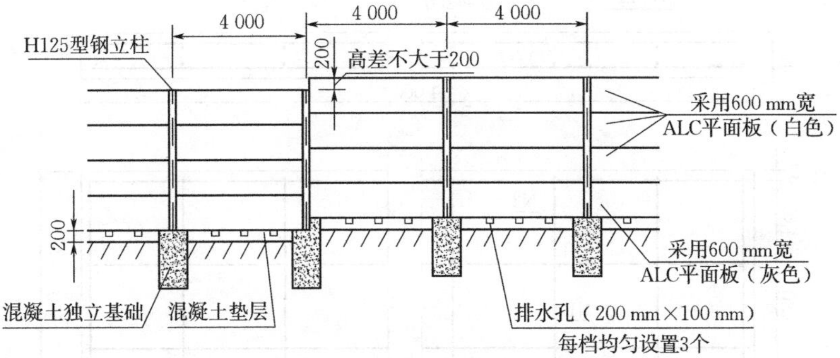

（a）立面一

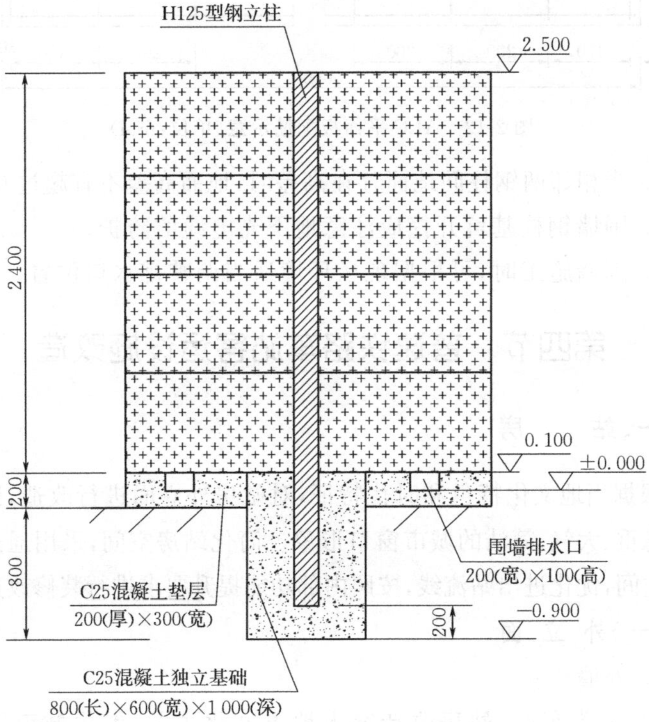

（b）立面二

图 2-12　装配式围墙立面示意(除标高单位为 m 外,其余单位为 mm)

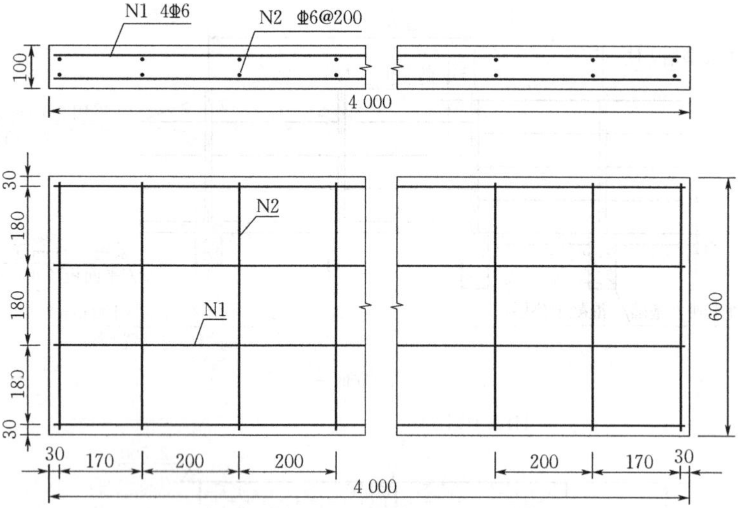

图 2-13　ALC 平面板配筋示意(单位:mm)

3. 当相邻两钢柱间地面存在高差时,地面高差不宜超过 0.2 m。

4. 围墙钢柱基坑开挖应注意地下光电缆的防护。

5. 围墙施工时,可根据现场环境适当调整排水口位置。

第四节　普速铁路车站客运设施改造

一、站　房

根据当地文化特色和时代特征,对站房外立面进行改造,诠释火车站稳重、大气、简洁的城市窗口形象。简化站房空间,采用通透开放的大空间,优化进出站流线,按照内部功能提升要求进行装修改造。

(一)外 立 面

1. 外墙

(1)一类车站:站房改造突出地方文化主题,展示城市历史底蕴,营造独特的地域文化,与周边环境相协调,改造方案需路地双方共同研究确定。

(2)二类车站:结合地方文化,采用铝板、仿石材保温装饰一体板等轻型材料,利用钢结构骨架增设立面檐口、腰线等造型,丰富站房外立面,体现站房功能性、文化性、经济性要求。外立面造型可在腰线、屋檐等部位设置横向或竖向暖光型灯带,打造靓丽夜景。规模不满足要求的车站根据地方及铁路需求,结合现场场地条件进行改扩建。

(3)三类车站:结合当地文化特色,适当点缀装饰性地方元素,拆除外立面广告牌、整合线缆等,既有面砖或马赛克外墙条件较好的,外墙面可利旧、清洗。

2. 门窗、幕墙

窗户采用氟碳黑、氟碳灰等深色彩铝中空玻璃窗,根据需要增设电动排烟窗,拆除站场侧外窗防盗网。幕墙可采用隔热保温防爆膜进行改造。外门采用彩铝玻璃地弹门,增加防坠链,颜色与窗户一致。

3. 空调室外机

(1)空调室外机尽量安装在外墙面相对隐蔽的位置。外墙面安装多台空调室外机要统一布置,横平竖直,整齐排列。空调室外机要设置冷凝水收集管,避免空调冷凝水随意漫流。

(2)空调室外机统一加装铝合金格栅,美化建筑外观,颜色与建筑外墙面协调,考虑视觉效果加装顶板或底板。一、二类车站结合外立面改造方案可设计格栅造型。外挂空调如图 2-14 所示。

图 2-14　外挂空调

（二）内部装修

1. 功能分区及流线优化

（1）结合普速铁路车站现场情况及客运组织，优化旅客进出站流线。一、二类车站进、出站流线应分设，避免交叉，做到进出分设、验检分设。三类车站根据现场实际情况考虑合设，较小客运量的车站实现进、出、验、检功能“四合一”。

（2）候车室空间不足的车站实行安检外移，新建进站安检大厅。在检票口进行“一次验检”的车站取消安检模块的实名制验证。新建安检大厅造型与既有站房协调一致。

（3）具备改造条件的增设垂直电梯或楼梯轮椅提升设备。

（4）无旅客卫生间或蹲位数量不足的车站考虑增设或改造旅客卫生间。有条件的设置无障碍厕所或无障碍厕位。

2. 室内装修标准

（1）候车室、售票厅、安检大厅

柱子及内墙面：一类车站柱子可采用铝单板饰面；二、三类车站柱子、内墙面底部设踢脚板，与地面颜色协调；上部为白色乳胶漆墙柱面。

地面：一类车站采用花岗岩或玻化砖；二、三类车站采用800 mm×800 mm玻化砖，既有水磨石楼地面可利旧，局部修复、打磨清洗。

顶棚：采用铝方通吊顶，如图2-15所示。

图2-15　候车室、售票厅、安检大厅铝方通吊顶

室内窗台板：采用天然或人造石材。

(2)卫生间

地面：采用 600 mm×600 mm 浅色亚光防滑地板砖。

内墙面：采用 300 mm×600 mm 浅色面砖。

顶棚：采用 600 mm×600 mm 浅色铝扣板吊顶。

卫生间厕位隔断选用灰白色或仿木色成品高密度板，隔断基座下边框采用宽 100 mm 的亚光不锈钢包边。厕位间设固定挂钩，门锁应具备防自锁功能并显示使用状态。厕所小便斗采用全落地式或挂式，并设置隔板。大便池采用脚踏式或水箱式蹲便器。盥洗台采用浅色人造石台面，下部采用成品柜遮挡管道。台面上方设贯通式洗面镜。

卫生间设排风或新风系统，保证室内空气质量。洁具及配件应采用节水型产品。候车室卫生间装修效果如图 2-16 所示。

图 2-16　候车室卫生间

(3)开水间

开水间应独立设置，热水器宜采用内嵌式，如图 2-17 所示。

(三)屋　　面

(1)平屋面采用改性沥青防水卷材，排水坡度顺畅。瓦屋面如需更换采用树脂瓦，如图 2-18 所示。金属屋面整体除锈、涂漆，或更换为铝镁锰合金板。

(2)雨水管颜色与墙体保持一致。

图 2-17　候车室内嵌式热水器

图 2-18　屋面整治

(四)站房平台、台阶及坡道

(1)一、二类车站地面采用 800 mm×800 mm 水洗火烧面花岗岩;三类车站维持既有,与站房平台、城市广场相协调,效果如图 2-19 所示。

图 2-19　车站台阶、坡道

(2)站房平台与城市广场、站房之间应满足无障碍通行要求。

(五)站房内防护栏杆

统一采用 1 300 mm 高钢化夹胶玻璃栏板,可直接落地或底部设置 100 mm 高挡台、上部为钢化夹胶玻璃栏板。不锈钢、玻璃栏板厂家统一定制。

二、站场设施

按照“通透简洁、流线清晰、风格简约”的原则,通过做减法、畅流线、提品质,改善旅客乘车环境。

(一)站　　台

1. 站台长度

站台长度不足影响旅客安全乘降的应根据现场实际进行站台延长改造。

2. 站台高度

站台邻靠不通行超限货物列车的到发线一侧可采用 500 mm 高的低站台;邻靠正线或通行超限货物列车的到发线一侧采用 300 mm 高的低站台。

3. 站台面

(1)站台面采用花岗岩面层、混凝土面层、沥青混凝土面层或铺装面层。一类车站基本站台面采用水洗火烧面花岗岩面层,规格为 600 mm×600 mm×50 mm;其他站台面采用水洗火烧面花岗岩面层时,规格为 600 mm×600 mm×30 mm,效果如图 2-20 所示。二、三类车站基本站台面采用沥青混凝土面层,效果如图 2-21 所示。中间站台采用混凝土面层或铺装面层,效果如图 2-22 所示。

(2)站台帽石采用 600 mm×1 000 mm×50 mm 天山红、芝麻灰机刨花岗岩,铺缝应与安全线、盲道砖相对应。

(3)在站台全长范围内设置宽度为 100 mm 的耐磨、防渗透、抗污染的白色块材安全线,安全线为连续实线。

图 2-20　花岗岩站台面

图 2-21　沥青混凝土站台面

图 2-22　混凝土站台面

(4)盲道砖沿安全线设置,宽度为 600 mm,颜色为中黄色。

(5)站台面取消明沟盖板,既有电缆、给排水管沟等统一改造为暗沟。管沟直线段间隔 40 m 或转角及分支处设置检查井,检查井盖板采用承重盖板，与站台面相协调。花岗岩站台面采用隐形盖板(花岗岩)，沥青及混凝土站台面采用铸铁盖板。

4. 站台栏杆(栏板)

(1)一、二类车站地道出入口采用1 300 mm高钢化夹胶玻璃栏板，其中底部设置200 mm高挡台，上部为1 100 mm高的钢化夹胶玻璃栏板。玻璃栏板下部离挡台高度不大于100 mm。不锈钢立柱间距不大于1 800 mm；扶手采用外径60 mm的圆形亚光不锈钢管。不锈钢、玻璃栏板厂家统一定制。三类车站地道出入口采用1 300 mm高钢制栏杆，效果如图2-23所示。

图2-23　地道出入口栏杆

(2)一、二类车站站台两端垂直于线路方向设置1 300 mm高不锈钢防护栏杆或钢制栏杆，并设置宽度不小于1 000 mm的通行门及禁行标志，材料与地道出入口栏杆一致。栏杆设置满足建筑限界要求。三类车站采用1 300 mm高钢制栏杆，效果如图2-24所示。

图2-24　站台端部栏杆

(3)站台其他临空部位栏杆更换为 1 300 mm 高不锈钢或钢制栏杆,与其他栏杆统一。

(二)风　雨　棚

一、二类车站站台风雨棚宜全覆盖;三类车站可根据实际需求和现场条件延长或增设。旅客进站、出站流线上的风雨棚应连续设置。站房与基本站台风雨棚之间新建连接风雨棚,形式与既有风雨棚保持协调统一。

1. 混凝土风雨棚

屋面防水层采用改性沥青防水卷材,檐口设滴水线或滴水槽。铲除顶棚涂料面层,清理基层并找平,刷仿清水混凝土涂料。一类车站立柱采用铝板、石材饰面;二类车站立柱底部采用 1.8 m 高铝板或面砖饰面,上部与顶棚保持一致;三类车站立柱采用仿清水混凝土涂料。

2. 钢结构风雨棚

屋面板锈蚀破损严重的更换为铝镁锰合金屋面板;屋面板及封檐板局部漏水或破损的进行部分更换。风雨棚整体除锈、涂漆,屋面板底部及檩条、梁等刷白色油漆,立柱底部 1.8 m 高刷深灰色油漆,上部与顶棚保持一致。

3. 雨水管

更换为 DN100 镀锌钢管,壁厚 4 mm,颜色应与风雨棚柱保持一致。

(三)地　　道

1. 地面、墙面、顶棚

(1)地面:一类车站采用花岗岩;二、三类车站采用防滑地板砖;既有花岗岩、水磨石地面清洗、修补。台阶设防滑条。

(2)墙面:一类车站采用铝板饰面;二、三类车站采用 300 mm×600 mm 浅色面砖。

(3)顶棚:白色乳胶漆涂料,两侧设斜面三角吊顶,内设照明设施及管线,效果如图 2-25 所示。

图 2-25　地道斜面三角吊顶

2. 地道内排水设施

(1)伸缩缝或墙面、顶棚漏水处设不锈钢导流槽，与地道内排水设施连通。

(2)地道两侧排水槽上设置不锈钢打孔钢盖板，端部设集水井，采用水泵抽至既有室外排水沟，效果如图 2-26 所示。

图 2-26　地道排水沟不锈钢盖板

(3)无扶梯及垂直电梯的车站，台阶净宽满足时，在客流方向一侧设 600 mm 宽行李坡道。

(4)地道出入口处地面高出站台面 20 mm,采用缓坡与站台面相接。

(四)天　　桥

(1)天桥采用封闭的有盖天桥,屋面采用有组织排水方式。

(2)一、二类车站天桥无电梯或自动扶梯的可加装电梯或扶梯。三类车站天桥楼梯净宽满足客流时,在客流方向一侧设 600 mm 宽行李坡道。

(3)车站天桥铺面采用防滑地砖或塑胶等轻质防滑材料;既有花岗岩、水磨石铺面可利旧,清洗打磨。

三、管线综合

(一)综合布线

(1)室外线缆统一整理,分类敷设,入地、入室、入槽。线缆槽采用不小于 1.5 mm 厚热镀锌桥架,表面为灰色(或浅灰色)烤漆,与站区房屋颜色协调。烤漆直接在厂家加工成品,不得现场刷涂。墙壁桥架支撑采用一字形角钢,颜色与桥架相同,随桥架由厂家统一制作,不得现场加工。根据现场情况确定桥架规格尺寸,依据规范要求确定桥架支撑间距,效果如图 2-27 所示。

图 2-27　线缆桥架

(2)照明、广播、监控、时钟、引导屏、静态导向等设施设备综合敷设。无风雨棚的利用站台灯柱集中布置,确保站台简洁美观。

(3)监控、广播等设备应与附着建筑物相协调，设备排列应整齐。

(二)采暖与空调

(1)优化站房内部分体空调机布局，选择隐蔽且不影响旅客候车的位置布设。

(2)采暖管道采用普通钢管，散热器采用普通钢制散热器；既有铸铁暖气片加装暖气罩。

(3)候车厅外门处无风幕机的新增风幕机。

(三)照　　明

1. 照明系统

(1)站房照明：灯具安装高度 6 m 及以下的室内场所(办公室、综控室、设备房、功能房间等)选用 LED 灯，灯具选型如图 2-28 所示；灯具安装高度 6 m 以上的室内场所(售票厅、候车厅、进出站厅等)选用金属卤化物灯或 LED 高顶灯，灯具选型如图 2-29 所示。

图 2-28　净空 6 m 及以下灯具选型

(2)站场照明：无风雨棚的站台采用可折叠型灯柱，LED 光源；有风雨棚站台采用 LED 高顶灯，室外灯具防护等级不低于 IP54，效果如图 2-30 所示。

(3)灯具应选用性能良好、可靠性高的产品。

(4)照明控制：照明应合理划分控制单元，按功能分区分组设置控制盘柜。办公用房、设备用房等就地设置控制盘柜；进站大厅、售

图 2-29　净空 6 m 以上灯具选型

图 2-30　站台照明灯具选型

票厅、候车厅、换乘厅、旅客地道、旅客天桥、站台风雨棚、车站广场等公共场所的照明，应采用远程集中控制方式，控制盘柜集中设置在专用控制室。所有场所照明与动力配电盘柜应分开设置。

2. 配电系统(电气设备、管线)

(1)电气设备及元件：电气设备及元件应选用性能良好，安全性、可靠性高的品牌。

(2)电气管线：室内电力线路原则采用暗线敷设，有吊顶处穿管敷设于吊顶内部。

3. 应急照明系统

疏散照明、备用照明设施齐全、状态良好。

(四)消防设施

(1)室外消防根据实际情况，站区管网供水能力满足消防要求时，基本站台两端设置消火栓。

(2)室内消防更换锈蚀破损的消防管道，消火栓箱采用铝合金箱体。

(3)根据需要可设置微型消防站、消防柜进行补强。

(五)客运广播系统

客运广播应全覆盖、无死角。

(六)视频监控系统

(1)视频监控应全覆盖、无死角。

(2)一般区域录像资料留存时间不少于 30 d，进站口、出站口、候车室、售票厅等重点目标区域录像资料保存时间不少于 90 d。

(3)监控设备应选用高清数字摄像机，监控、广播多杆合一效果如图 2-31 所示。

图 2-31　监控、广播多杆合一

(七)旅客引导显示屏

按要求规范设置电子显示屏，外形及安装应与建筑相协调、美观简洁。

四、生产生活房屋

(一)外　立　面

既有外墙面为涂料或面砖破损陈旧的，改造为白麻、灰麻等真石漆墙面，颜色与周边环境相协调。

(二)内部装修

1. 地面

(1)生产生活房间采用玻化砖或强化复合木地板；阳台、走廊、楼梯间采用玻化砖；仓库、工具房、设备间采用水泥或玻化砖；行车室、机械室采用防静电地板。踢脚线宜采用内嵌式安装，颜色、材质应与地面协调。

(2)用水房间采用防滑地板砖。

(3)房屋出入口大厅及电梯间根据需要可采用石材或玻化砖。

2. 墙面

(1)生产生活房间及阳台、走廊、楼梯间采用白色乳胶漆面层。

(2)用水房间采用浅色面砖。

(3)房屋的出入口大厅可采用石材、面砖及装饰板材等面层。

3. 顶棚

(1)生产生活房间及阳台、走廊、楼梯间等原则上不设吊顶，顶棚采用白色乳胶漆面层；公共区域有水电暖气管道及设施设备的采用铝方通、硅钙板等吊顶。

(2)用水房间采用浅色铝扣板吊顶。

4. 门、窗

(1)房屋出入口大门可采用彩铝玻璃地弹门或钢制门等。

(2)室内门采用套装实木复合门。

(3)用水房间采用防潮性能良好的合金门。

(4)窗户采用氟碳黑、氟碳灰等深色彩铝中空玻璃窗，并配置纱窗，设置天然或人造石材窗台板。

5. 室内给排水、电气照明

(1)室内给排水管道原则上暗敷，排水系统应采取防臭措施。卫生间应根据情况设置通风设施，保证无异味。

(2)淋浴间电热水器原则设置在隔间，插头为防水插座；淋浴头之间增设钢化玻璃隔板，加装洗浴物品搁置架。浴室可设置更衣间。

(3)室内电线路原则采用暗线敷设；用电设备外观、色调与室内装修协调。生产生活房间及阳台、走廊、楼梯间等原则上采用 LED 灯具；出入口大厅、会议室根据设计要求选用灯具；有防水、防爆等要求的房间选用专用灯具。

(4)照明、动力、专用线路应在低压柜分回路设置，相应的配电箱应分别设置，不能混盘。弱电箱各专业总盘应分别设置，室内可根据需要设置综合弱电箱。

(5)食堂操作间灶具采用成品电气灶具，杜绝使用瓶装液化气；地面排水沟采用暗沟，设置清扫口；地面排水坡度适宜，设置地漏。

(三)屋　面

(1)平屋面采用改性沥青防水卷材，排水坡度顺畅；瓦屋面坡度平顺、无渗漏，如需更换采用树脂瓦；金属屋面板无锈蚀，邻近铁路的金属屋面应有防风揭措施。

(2)落水管颜色与墙体保持一致。

(四)房间内独立卫生间

(1)卫生间实现干湿分离，浴室做挡水坎并安装不低于 2 m 的玻璃隔断。

(2)洗漱台采用浅色人造石台面，内嵌洗面池，洗漱台下方设置成品柜；洗漱台上方配置洗面镜、毛巾架、浴品架。

(3)淋浴上方设置暖风、照明、排气一体式风暖浴霸。

(4)马桶统一采用坐便，坐便附近安装卫生纸盒及清扫工具置物架。

五、站区环境

(一)总体规划

优化布局，整合房屋，资源共享，对于长期闲置、无改造价值、影响站容站貌的房屋、构筑物，以及不规范的广告牌、标识等全部拆除，达到视线通透，简洁美观的效果。

(二)围　墙

(1)原则上统一站区围墙样式，站区封闭围墙采用 2.5 m 高实体围墙，与周边环境协调统一。采用清水围墙时底部为 600 mm 高水泥砂浆墙裙。清水围墙如图 2-32 所示。

图 2-32　清水围墙

(2)对破旧、污损及观感差的围墙面层重新粉刷,底部为 600 mm 高深灰色墙裙,上部为白色墙面,灰色墙帽,效果如图 2-33 所示。

图 2-33　围墙粉刷效果示意

(3)内部庭院原则上不单独设置围墙,既有围墙尽量拆除,站区内取消“院中院”,确需设置的采用 1.8 m 高铁艺栅栏,底部基座高 300 mm,刷深色外墙涂料,上部铁艺栏杆高 1 500 mm。铁艺栅栏围墙如图 2-34 所示。

图 2-34　铁艺栅栏围墙

(三)室外绿化

站场绿化要因地制宜,选用造价合理、经济适用、易养护的苗木,与附近房屋建筑物、道路、庭院、围墙等整体风格统筹考虑,保持协调一致,美观整洁。

第三章　铁路房建设备施工工艺

第一节　金属屋面

一、直立锁边铝镁锰金属屋面

(一)一般规定

(1)站房金属屋面面板宜采用耐久性好的压型铝镁锰金属板,并应设下层金属衬板,面板不宜使用彩色压型钢板。

(2)压型金属板屋面应按围护结构进行设计,并应具有足够的承载力、刚度、稳定性和变形能力。

(3)金属屋面板的连接及紧固件选择应通过设计计算确定,直立锁边铝镁锰板与T型支座的咬合连接强度应根据试验确定。

(4)采用直立锁边连接的压型铝镁锰板宜采用长尺寸板材,应减少板长方向的搭接接头数量,但其单板长度不宜超过50 m。

(5)台风地区应选用屋面板与支座连接强度高、抗风揭能力强并经抗风揭(掀)试验验证为安全可靠的金属屋面系统。

(6)压型铝镁锰板单元板宽不应大于400 mm,板厚不应小于0.9 mm。

(7)屋面天沟、檐口、屋脊节点应采用可靠的封堵措施。

(二)T型支座安装

(1)T型支座安装如图3-1所示,轴线控制精准,先弹线后固定,全部钉在檩条正中。

(2)T型支座螺栓数量确保无缺失,松紧适度不歪斜。

(3)屋面板面平整度控制在5 mm以内。

图 3-1　T 型支座安装

(4)T 型支座的间距应计算确定,顺板方向不应超过 1 500 mm;屋面天沟、檐口、屋脊、山墙转角等区域,应根据计算加密支撑结构及固定点。

(5)直立锁边压型铝镁锰金属屋面板应采用《铝合金建筑型材　第 1 部分:基材》(GB/T 5237.1)规定的 6061T6 型铝合金 T 型支座,支座下部应带绝缘隔热垫。

(6)与金属屋面配套使用的螺栓、自攻螺钉等紧固件应采用不锈钢材质,并应符合《紧固件机械性能　不锈钢螺栓、螺钉和螺柱》(GB/T 3098.6)的规定。

(三)屋面抗风夹

(1)直立锁边铝镁锰板屋面如图 3-2 所示,宜设置抗风夹、抗风压杆,屋面板抗风夹设置方案应适应屋面系统热胀冷缩的要求。

(2)抗风夹、抗风压杆宜采用强度高、耐腐蚀的材料,应设置在屋面板支座处。

(3)抗风夹、抗风压杆如图 3-3 所示,分布成排成线,间距均匀,牢固可靠。

(4)屋面工程所用的抗风夹应有产品合格证书和性能检测报告,材料的品种、规格、性能等必须符合国家现行产品标准和设计要求。产品质量应由省级以上建设行政主管部门对其资质进行认可和质量技术监督部门对其计量认证的质量检测单位进行检测。

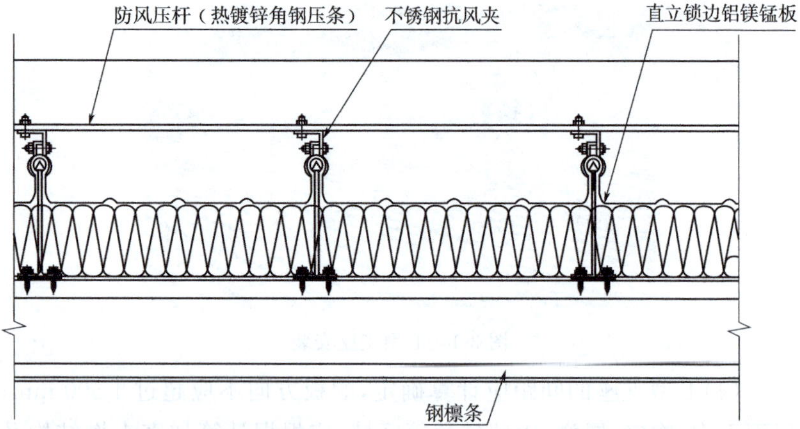

图 3-2　直立锁边铝镁锰板抗风夹、抗风压杆构造示意

图 3-3　抗风压杆、抗风夹

(5)不锈钢抗风夹(含紧固件)应选用奥氏体 304 不锈钢,其化学成分应符合《不锈钢和耐热钢　牌号及化学成分》(GB/T 20878)等的规定。

(6)抗风夹安装前,宜通过安装工艺试验,确定螺栓拧紧工艺参数。

(四)屋面马道

(1)增设与原设计形式一致的检修马道。

(2)马道设置如图 3-4 所示,与原有马道宽度、高度保持一致,形成有效连接。

图 3-4　屋面马道

(3)检修马道与屋面 T 码支座进行固定,间距严格按 400 mm 一道设置,保证每个固定点均在 T 码位置处,保证马道与屋面板可靠连接。

(4)提前根据现场实际尺寸,与厂家做好沟通,固定角码严格按照间距 400 mm 布置,确保成品马道与 T 码可靠连接,方便安装,提高一次成功率。

(5)现场安装时,马道必须与屋面 T 码固定牢靠,且拉通线控制好整体平整度。

(五)落水口(雨水斗)

(1)天沟如图 3-5 所示,宜内设下沉井,其尺寸为 800 mm×800 mm×100 mm,虹吸雨水斗安装在下沉井中心处,保证初期雨水更快形成虹吸。

图 3-5　不锈钢天沟落水口

(2)提前进行天沟下沉井排布策划，对屋面厂家进行交底，确定下沉井的位置及尺寸，保证下沉井与天沟焊接的整体质量，且天沟开孔处需平整。

(3)不锈钢天沟应连通，虹吸雨水斗处 800 mm 长度的天沟应水平无坡度，其余各处天沟设 3‰坡度坡向下沉井，虹吸雨水斗的间距不超过 20 m。

(4)安装虹吸雨水斗时对工人进行交底，保证同一系统悬吊管上的雨水斗在同一水平面，确保雨水斗相同水位进水，使虹吸系统不进气，呈满管流状态。

(5)雨水斗焊缝要采取酸洗钝化处理。

(六)屋面上人口

(1)上人口如图 3-6 所示，尺寸为 900 mm×900 mm，开合采用铝合金合页连接，盖板上设置拉手。

图 3-6 屋面上人口盖板、扶手和撑杆

(2)盖板采用轻质铝板或不锈钢板，颜色同屋面板，带不锈钢铰链，稳固方便。

(3)屋面马道延伸至屋面上人口处。

(4)不锈钢扶手焊接固定于槽钢之上，扶手高 1 000 mm；通过专用卡件将跟部槽钢与屋面板固定，作为扶手的固定底座；扶手材质为不锈钢，直径 48 mm。

(5)爬梯如图 3-7 所示，横向间距 600 mm，步距 275 mm，爬梯踏步杆采用圆管式，规格为 ϕ25 mm×3.0 mm，爬梯立杆宜采用圆管，规格为 ϕ40 mm×3.0 mm。

图 3-7　屋面上人爬梯

(6)爬梯增设防坠器，钩挂在安全带上，防止因攀爬高度过高导致劳累而发生坠落。

(七)不锈钢天沟

(1)拉通线控制好天沟下部龙骨坡度，保证龙骨坡向及坡度质量，龙骨误差须小于等于 5 mm。

(2)金属屋面如图 3-8 所示，宜采用不锈钢板排水天沟，沟壁厚度不应小于 2.5 mm，宜采用 3 mm。

(3)将天沟位置及坡度调整到位后(保证拼接紧密)对其进行临时电焊，电焊完毕后再次对其位置及坡度进行微调，调整完毕后再进行满焊。

(4)焊缝焊接时宜采用氩弧焊或 CO_2 气体保护焊，不宜采用普通直流或交流焊接方式，以提高焊缝质量及观感效果。

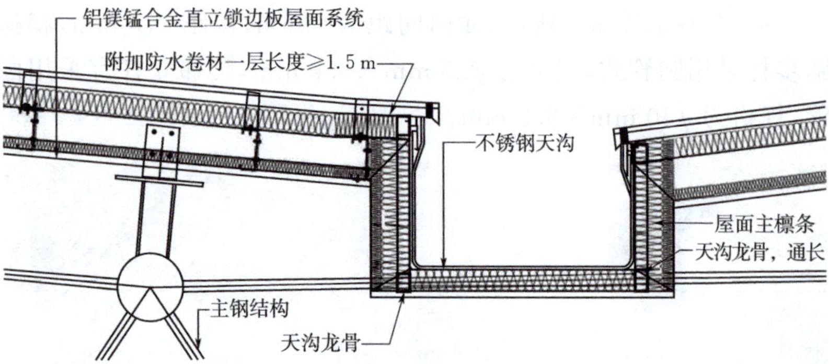

图 3-8　金属屋面排水天沟截面示意

(5)提前进行天沟排布策划，对厂家进行交底，出厂时在天沟底板预留出落水口位置，保证安装效果，提高落水口与天沟焊接质量。

(6)严把不锈钢天沟进场质量关，如图 3-9 所示，保证天沟表面平整，无翘曲变形，无明显划痕。

图 3-9　不锈钢天沟

(7)铝镁锰屋面板伸入天沟长度不得小于 150 mm，收口端平直整齐。

二、耐腐蚀压型钢板屋面安装

(一)技术要求

屋面坡度小于等于 10%时搭接长度为 250 mm，屋面坡度大于 10%时搭接长度为 200 mm，搭接位置的中心必须确保在檩条上。

(二)工艺做法

1. 工艺流程

测量放线→檩条安装→耐腐蚀压型钢板铺设→自攻螺钉紧固→修边→自检、整修、报验。

2. 工艺要点

(1)根据施工图纸,在钢梁上对檩条节点坐标进行复测,确定檩条连接板位置、安装高度。

(2)设置防材料滑动和防人员坠落措施,防止安装过程中存放的钢板发生滑动和人员坠落事故。

(3)安装过程中由 2 人或者多人同时、垂直抬起一块钢板时,应保持它与同一包装中的板平行。搬运安装过程中避免与底层表面接触时拖拽钢板,否则可能会造成严重损伤。沿长度方向搭接耐腐蚀压型钢板时,必须由下方开始安装,顺水流方向搭接,直到搭接至屋脊位置最后一块耐腐蚀压型钢板处。

(4)将耐腐蚀压型钢板平行移动至安装位置,如图 3-10 所示,对齐安装控制线安放到位,用自攻螺钉和螺栓固定在檩条上,必须严格控制线性,一般情况为垂直于屋脊线和天沟。

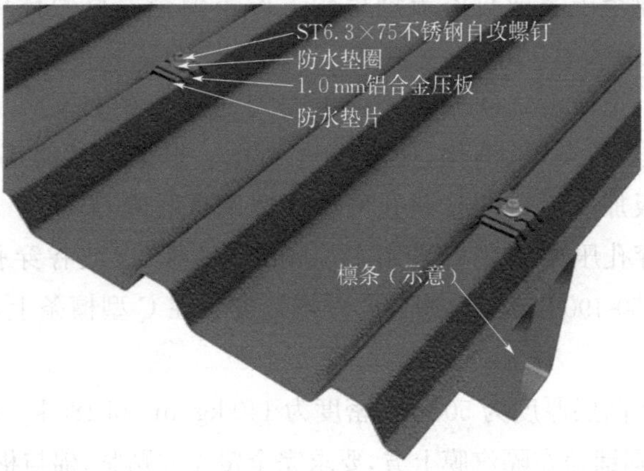

图 3-10　耐腐蚀压型屋面节点固定示意

三、TPO柔性屋面施工工艺

(一)技术要求

(1)柔性屋面 TPO 防水卷材平行于屋脊方向铺设，理论上需从檐口位置开始铺设，至屋脊位置结束。

(2)柔性屋面 TPO 防水卷材沿长度方向需顺水搭接，搭接尺寸大于等于 80 mm，搭接位置热风焊接，施工需保证热风焊接质量。

(3)柔性屋面 TPO 防水卷材宽度也需搭接，搭接尺寸大于等于 80 mm，搭接位置热风焊接，施工需保证热风焊接质量。其次卷材宽度方向搭接缝需错开，错缝宽度大于等于 300 mm，并且应避免在同一直线上。

(二)工艺做法

1. 工艺流程

测量放线→檩条安装→穿孔底板铺设→无纺布、吸声棉及隔汽膜铺设→岩棉保温板铺设→TPO 防水卷材铺设→防水卷材无穿孔固定→搭接区热焊接。

2. 工艺要点

(1)檩条吊装前对屋盖钢结构上的主檩条节点坐标进行复测，确定檩条连接板位置、安装高度，将测量后的实际标高和设计标高进行对比，把两者之间的误差差值均匀地分布在上下两层主、次檩条标高中进行调整、消化，如图 3-11 所示。根据测量值将凛托转角定位、背板加工成可调长圆孔便于次檩条高低调差。

(2)穿孔压型钢底板采用 1.0 mm 厚底板(仅波谷穿孔，穿孔率16%，YX350-190-950 型)，通过自攻螺钉安装在 C 型檩条上，如图 3-12 所示。

(3)将两层厚度为 50 mm，密度为 140 kg/m^3 和 180 kg/m^3 的岩棉保温板分别铺盖在隔汽膜上方，要求完全覆盖并贴紧，棉与棉之间铺设不能有缝隙，相邻两块岩棉板的接口处不得有间隙，如图 3-13 所示。

图 3-11　屋面檩条安装

图 3-12　穿孔底板铺设

图 3-13　吸声棉及隔汽膜铺设

(4)TPO 防水卷材在铺设前首先进行卷材预铺,将卷材自然疏松地平铺在保温层上,保证卷材平整顺直,减少褶皱,并根据现场尺寸进行适当的剪裁。卷材铺设方向垂直于压型钢板长边方向,平行于屋脊的搭接缝顺流水方向搭接,垂直于屋脊的搭接缝顺着最大频率风向搭接。施工前应进行精确放样,尽量减少接头,有接头部位,接头应相互错开 300 mm 以上,搭接缝应按照有关规范进行设置。卷材长边搭接 80 mm,短边搭接 80 mm,在平面上用自动焊机将两层卷材焊接在一起,热空气焊接宽度至少为 40 mm。

(5)卷材固定采用无穿孔垫片配套无穿孔自动焊机进行。首先使用焊机进行卷材与涂层垫片的试焊,调整焊机到合适的挡位,然后通过电磁感应原理将带特殊涂层的垫片与 TPO 防水卷材焊接在一起;最后用磁性冷却镇压器压在有垫片的卷材位置处,使其具有加固焊接强度及散热冷却的作用,如图 3-14 所示。

(6)屋面结构为双曲面形式时,采用自动焊机进行焊接不利于焊缝的严密性,因而采用人工焊接(图 3-15),要求 TPO 防水卷材铺设必须平整,减少褶皱。现场机械固定施工最小搭接宽度为 80 mm,并保证焊接宽度至少为 40 mm。天沟 TPO 防水卷材防水做法如图 3-16 所示。

图 3-14　电磁感应焊接

图 3-15　手工焊枪焊接

图 3-16　天沟 TPO 防水卷材防水

第二节　混凝土屋面

一、技术要求

(1)基层应平整、坚实,排水坡度符合设计要求,混凝土表面不得有蜂窝、孔洞等,基层可潮湿但不得有明水。

(2)卷材的搭接缝应粘结或焊接牢固,密封应严密,不得扭曲、褶皱或翘边;卷材防水层的收头应与基层粘结,钉压应牢固,密封应严密;卷材防水层不得有渗漏积水现象。

(3)找坡层和找平层排水坡度符合设计要求,找坡层表面平整度允许偏差为 7 mm,找平层表面平整度允许偏差为 5 mm,找平层分隔缝的宽度和间距符合设计要求,找平层压光、抹平,不得有酥松、起砂、起皮现象。结构找坡不应小于 3%,材料找坡宜为 2%,檐沟、天沟纵向找坡不应小于 1%,沟底水落差不得超过 200 mm。

二、工艺做法

1. 工艺流程

基层处理→涂刷基层处理剂→附加层施工→铺第一层穿根耐刺防水卷材→热熔封边→铺第二层防水卷材→泡沫混凝土浇筑→养护→铺设钢筋网片→C20 细石混凝土浇筑→养护。

2. 工艺要点

(1)防水施工

①基层处理:基层表面明显凹凸不平时宜先用水泥砂浆抹平。阴阳角处均做成圆弧或钝角,阳角直径大于 10 mm,阴角直角大于 50 mm。

②涂刷基层处理剂:高聚物改性沥青基层处理剂每平方米用量不少于 0.4 kg,应涂刷均匀、不露底面、不堆积;干燥不粘手后方可进行卷材的铺贴。

③附加层施工：附加层宽度不小于 500 mm，两边均匀搭接 250 mm，要求进行满粘；出屋面的管道跟部直径 600 mm 范围内两边均匀搭接 300 mm，要求进行满粘。

④卷材铺贴：卷材与卷材之间的粘贴采用满粘法连接。长边搭接宽度不小于 100 mm，短边搭接宽度不小于 100 mm，相邻防水卷材搭接接头相互错开 $L/3$（L 为防水卷材宽度）。平行于屋脊的搭接缝顺流水方向搭接，垂直于屋脊的搭接缝顺主导风向搭接。上下两层卷材不得垂直粘贴，两层卷材间必须满贴，热熔施工时压出空气，防止空鼓，封边密实，平屋面、斜屋面防水施工效果如图 3-17、图 3-18 所示。

图 3-17　平屋面防水施工

图 3-18　斜屋面防水施工

(2)泡沫混凝土施工

①第一层泡沫混凝土浇筑，浇筑高度150～200 mm，第二层浇筑间隔24 h，浇筑至设计标高，每层均需根据标高控制点进行找坡，收面不得出现蜂窝麻面、明显坑洼。

②试块养护28 d，7 d可做强度试验，现场施工养护时间为3 d，泡沫混凝土浇筑完成后需进行洒水养护，防止开裂。

(3)混凝土配筋垫层施工

①C20细石混凝土垫层厚80 mm，内含A4@200钢筋网片，钢筋网片间采用绑扎搭接方式进行连接，搭接长度为250 mm。混凝土实际浇筑厚度可根据现场标高进行调整。

②混凝土配筋垫层表面应抹平压光，并应设分格缝，其纵横间距不应大于6 m，分格缝宽度宜为5～20 mm，并应用密封材料嵌填。

③当混凝土达到设计强度的25%～30%时，应采用切缝机进行切割，切缝深度不小于垫层厚度的1/4。

④混凝土浇筑完成后需进行洒水养护，混凝土表面覆盖塑料薄膜，保证混凝土表面湿润。

第三节　砌体结构及抹灰

一、砌体结构砌筑施工工艺

(一)技术要求

墙面垂直度不大于5 mm，表面平整度不大于8 mm，竖向相邻灰缝错开不小于1/3砖，错缝呈一条直线。

(二)工艺做法

1. 工艺流程

结构处理→墙体放线→立皮数杆→打眼、植筋→圈梁、构造柱钢筋绑扎→墙体砌筑。

2. 工艺要点

（1）在二次结构砌筑前，应测量放线出建筑 1 m 线，二次结构墙身位置线、墙体外 30 cm 控制线，门窗洞口位置线及其他需要预留的位置线，并标识清晰、明确。

（2）二次结构砌筑前应绘制排砖图，排砖应做到统一、整齐、美观。通过排砖实现对灰缝位置的控制、洞口位置的控制和拉结筋位置的控制，并对砌体提前统一定尺加工以达到减少损耗的目的。

（3）砌块的相对含水率对砌体的施工质量影响很大，故砌筑前应根据砌块类型、施工工艺、气候条件等确定对砌块浇水润湿时间或是否浇水湿润。当采用普通砂浆砌筑时，块体的湿润程度应符合下列要求：

①烧结空心砖的相对含水率宜为 60%～70%。

②吸水率较大的轻骨料混凝土小型空心砌块、蒸压加气混凝土砌块的相对含水率宜为 40%～50%。

（4）砌筑前应设置皮数杆带线，转角处均应设立，保证“上跟线，下跟棱，左右相邻要对平”。

（5）砌筑灰缝应横平竖直、厚薄均匀，不得出现假缝、瞎缝、通缝；灰缝饱满度大于等于 80%，水平灰缝平直度小于等于 10 mm。竖向相邻灰缝错开不小于 1/3 砖，错缝呈一条直线。墙面整体砌筑效果如图 3-19 所示。

图 3-19　墙面整体砌筑

(6)砌体结构上管线、线盒开凿前应弹线切割,保证开凿顺直、规整。线槽切割开凿宜采用专用器具,未经设计同意,严禁开水平槽。线槽封堵应密实、平整,修补完成面低于墙面 2 mm,以便于后续抹灰挂网找平。

(7)为减少砌筑墙体收缩变形的不利影响,墙顶斜砌砖施工应在砌筑完 14 d 后进行。

(8)塞口斜砖水平角度为 60°～90°,由墙体中间向两侧呈“倒八字”砌筑;塞口斜砖须采用专用实心砖;中部及两端采用预制混凝土三角块支垫斜砖。

二、砌体构造柱施工工艺

(一)技术要求

构造柱模板加固应采用对拉螺杆穿构造柱加固,如图 3-20 所示,马牙槎凹凸尺寸不小于 60 mm,高度不大于 300 mm。

图 3-20　构造柱模板穿墙螺杆设置

(二)工艺做法

1. 工艺流程

钢筋验收→构造柱、圈梁模板支设→混凝土浇筑→拆模、养护→成品保护。

2. 工艺要点

(1)二次结构砌构造柱应提前优化确认,在二次结构深化图纸中明确构造柱位置、尺寸及构造做法,并经设计等相关单位签字确认。

(2)拉结筋应提前加工成型,严禁现场弯折;拉结筋间距不大于 500 mm,入二次结构墙深度不小于 600 mm,竖向间距差不大于 100 mm,末端 90°弯钩。

(3)马牙槎应先退后进,上下对齐,对称砌筑。

(4)为保证构造柱混凝土浇筑密实,宜在构造柱模板顶部设置漏斗形下料口,如图 3-21 所示。下料口高出构造柱顶面 50 mm,浇筑时漏斗中也浇满,拆模后打凿掉即可。

(5)砌体马牙槎与模板接触边缘应粘贴双面胶,防止漏浆;构造柱与砌体交接处平整,马牙槎棱角清晰,无漏浆、气孔、起皮、烂根等问题。墙体转角处构造柱成型效果如图 3-22 所示。

图 3-21　顶部漏斗形浇筑口

图 3-22　墙体转角处构造柱

三、抹灰工程施工工艺

(一)技术要求

(1)抹灰层表面光滑、洁净、颜色均匀、无抹纹,分格缝清晰美观。检查方法:观察,手摸检查。

(2)护角、孔洞、槽、盒周围的抹灰表面整齐、光滑;管道后面的抹灰表面平整。检查方法:观察。

(3)抹灰分层进行,抹灰总厚度不大于 20 mm。

(4)室内墙面、柱面和门洞口的阳角采用 1∶2 水泥砂浆做暗护角,其高度不低于 1.8 m,每侧宽度不小于 50 mm。

(5)砂浆抹灰层在凝结前防止快干、水冲、撞击和振动,在凝结后不得玷污和损坏。水泥砂浆抹灰层在湿润条件下进行养护,抹灰 24 h 后用喷雾器洒水养护,每天 8～10 次,保持抹灰墙面不干,养护时间不得少于 7 d。

(二)工艺做法

1. 工艺流程

基层处理→剔凿、钉钢板网→浇水湿润墙面基层→找规矩→抹底灰→窗台抹灰→抹面层灰→清理→养护。

2. 工艺要点

(1)抹灰前基层表面的尘土、油垢、油渍等清除干净,并洒水湿润。

(2)构造柱、过梁、拉梁混凝土表面及砌块隔墙表面抹灰前先进行拉毛处理,拉毛厚度均匀一致,如图 3-23 所示。

图 3-23 机械喷毛

(3)抹灰应分层进行，抹灰总厚度不大于 20 mm，蒸压加气块与混凝土墙体、柱(含构造柱)、梁(含过梁、圈梁、拉梁)、水电槽、盒交接处表面的抹灰，必须钉钢板网，钢板网与各基体[蒸压加气块、混凝土墙体、柱(含构造柱)、梁(含过梁、圈梁、拉梁)、水电槽、盒]的每边搭接宽度均不小于 100 mm，且搭接牢固。钉钢板网前先将与隔墙交接处的混凝土表面弹线、切割、剔凿，剔凿宽度不小于 10 cm，剔凿深度不小于 20 mm，然后再钉钢板网，用射钉钉钢板网，射钉间距不大于 20 cm，钢板网必须平直绷紧。

(4)穿插安装电盒、配电箱。

(5)在抹灰前一天用水将墙面浇透，然后在墙湿润的情况下，先刷一道素水泥浆，随刷随打底；冲筋 2 h 后抹底灰，底灰采用 8 mm 厚 1∶1∶6 水泥石膏砂浆打底，用刮尺找直，木抹子搓平、搓毛。然后用托线板全面检查墙面的垂直与平整情况，阴阳角是否方正，管道处抹灰是否抹齐，墙与顶交接是否光滑平整。墙面抹灰应在各种靠墙管道等安装前进行，抹灰面接槎应平顺。抹灰后应及时将散落的砂浆清理干净。

(6)派专人将墙面上预留孔洞、配电箱、槽、盒周边 50 mm 宽的底灰砂浆清除干净，洒水湿润，并用 M15 水泥砂浆将孔洞、配电箱、槽、盒边抹方正、平整、光滑。

(7)底层砂浆抹好后第二天，将墙面湿润，即可抹罩面灰砂浆。抹灰时先薄薄地刮一道使其与底层灰抓牢，紧跟抹第二遍，用刮尺找直，用铁抹子压实压光，注意最后一遍压光抹纹时，应沿同一水平方向。

(8)抹灰 24 h 后用喷雾器洒水养护，每天 8～10 次，保持抹灰墙面不干；养护时间不得少于 7 d，抹灰层在凝结之前，防止快干、水冲、撞击和振动。

(9)墙柱间的阳角在墙柱抹灰前用水泥砂浆做护角，在人流量大、容易碰撞的部位进行暗护角处理。

(10)不同材质交接处采用加强网防裂，每侧铺设宽度不小于100 mm。混凝土与砌块交接处，铺设钢板网固定。混凝土与轻质隔墙交接处，铺设耐碱网格，如图 3-24 所示。

图 3-24　交接处加强网设置

第四节　室内地面工程

一、石材铺装施工工艺

(一)应用工程

站房公共大厅。

(二)技术要求

砖面层的表面应洁净、图案清晰，色泽一致，接缝平整，深浅一致，周边顺直。板块无裂纹、掉角和缺楞等缺陷。

砖面层边角块材及尺寸应符合设计要求，边角整齐、光滑。

砖面层表面的坡度应符合设计要求，不倒泛水、无积水；与地漏、管道结合处应严密牢固，无渗漏。

(三)工艺做法

1. 工艺流程

测量放线→素土夯实→级配砂石换填→混凝土垫层浇筑→基层处理→细石混凝土找坡→干性水泥砂浆铺设→花岗岩铺设→勾缝→养护。

2. 工艺要点

(1)石材进场验收:石材进场严格按照规范要求进行外观、规格验收,并按要求进行见证取样,保证进场材料合格。将有缺陷和局部污染的石材挑出来,完好的石材进行平整度几何尺寸测量和套方检查,确保用料合格。所有石材均应进行六面防护处理,未经处理的石材不得取用。

(2)基层处理:将基层表面的浮土或砂浆清除,有油污时,应用10%的氢氧化钠溶液刷净,并用清水冲洗干净。

(3)放线:先根据排砖图确定铺砌的缝隙宽度。根据排砖图及缝宽在地面上弹纵、横控制线。

(4)铺设:正式铺设前进行试拼,达到品种、颜色、纹路基本一致,符合设计要求后统一按两个方向编号。一般房间应按先里后外的顺序进行铺设,即从远离门口的一边开始,按照试拼编号,依次铺砌,逐步退至门口。铺前应将板材预先浸湿阴干后备用,先进行试铺,对好纵横缝,用橡皮锤敲击木垫板,振实砂浆至铺设高度后,将石材掀起移至一旁,检查砂浆上表面与板材之间是否吻合,如发现有空虚之处,应用砂浆填补,然后正式镶铺。铺设时先在石材背面均匀抹一层水灰比为0.5的素水泥浆结合层,再铺石材板块,安放时四角同时往下落,用橡皮锤轻击木垫板,根据水平线用水平尺找平,铺完第一块向侧向和后退方向顺序镶铺。石材板块之间,接缝要严,不留缝隙。

(5)勾缝:石材饰面板铺设1~2 d干硬后,再用专用填缝剂填缝嵌实,面层用干布擦拭干净。

(6)养护:养护期 7 d 之内禁止踩踏。

二、地面石材变形缝

耐压承重变形缝采用“剪刀”形不锈钢滑杆组装杆件和承托补强镀锌钢板结构形式。

(1)钢龙骨基础支座安装固定。

(2)钢龙骨支座混凝土填充,混凝土强度等级不低于 C20。

(3)止水带、滑杆支座及中心板安装,在钢龙骨表面使用万能胶满粘一道向一端找坡的三元乙丙止水带,止水带搭接长度不应小于 100 mm,随滑杆支座安装同时每间距 500 mm 依次安放“剪刀”形不锈钢滑杆组装杆件。

(4)补强镀锌钢板拼装及焊接固定,铝合金封底板安装完成后,擦拭表面污垢满铺一层 3.0 mm 厚三元乙丙橡胶垫作为柔性垫层,将定制宽度的镀锌钢板安放在铝合金封底板上,调整两侧变形预留缝隙后纵向每间距 500 mm 使用不锈钢自攻螺钉与铝合金封底板连接固定牢固,镀锌钢板拼接部位做满焊缝连接,完成后做好除渣和不少于两遍的防锈处理。

(5)铝合金盖板安装固定。

(6)嵌平式装饰石材铺贴。

(7)修缝、保洁。

三、单列嵌平型地面变形缝

(一)技术要求

石材地面伸缩变形缝,一般间距 6～8 m 纵横向设置,其排布应与地面站房整体相协调统一。室内伸缩缝采用 8 mm×25 mm 铝合金地面分割条,如图 3-25 所示,其材质有不锈钢、黄铜等可供选择,两侧金属材料压紧中心弹性胶条,利用橡胶的弹性保证产品的伸缩,宽度为 8～20 mm,高度一般为 15～25 mm。

图 3-25 单列嵌平型地面变形缝

(二)工艺流程

粘贴美纹纸→弹线切割→清理并刷防护液→灌水泥→嵌入分割条。

第五节 硅钙板吊顶

一、技术要求

安装硅钙板面层,标准板尺寸为 600 mm×600 mm。吊顶安装偏差符合规范要求。饰面材料表面应洁净、色泽一致,不得有翘曲、裂缝及缺损。饰面板与明龙骨的搭接应平整、吻合,压条应平直、宽窄一致。饰面板上的灯具、烟感、温感、喷淋头、风口、广播等设备的位置应合理、美观,与饰面板的交接应吻合、严密。龙骨的接缝应平整、吻合、颜色一致,不得有划伤、擦伤等表面缺陷。吊顶内填充吸声材料的品种和铺设厚度应符合设计要求,并应有防散落措施。

吊顶排布:走道吊顶板应为奇数,末端设备在板块居中位置,不应骑缝。灯具、喷淋头等安装牢固;吊顶标高线、控制线、吊杆的排布线及各设备点位线的弹放应统一协调；遇建筑结构伸缩缝、变形缝时，吊顶宜根据建筑变形量设计变形缝尺寸及构造；龙骨及面层材料表面应洁净、色泽一致，不得有翘曲、裂缝及缺损。

二、工艺做法

1. 工艺流程

弹吊顶水平线、划分龙骨分档线→安装转换层龙骨→固定吊杆→安装配套龙骨→安装边龙骨→安装硅钙板→清理。

2. 工艺要点

(1)弹吊顶水平线、划分龙骨分档线：放吊顶标高及龙骨位置线，依据室内标高控制线，用水准仪找出吊顶设计标高位置，在四周墙上弹一道墨线，作为吊顶标高控制线。弹线应清晰，位置应准确。

(2)安装转换层龙骨：横向转换层 40 mm×40 mm×3 mm 方管通过 L50 mm×4 mm 角钢在圈梁生根，间距 1 200 mm，如图 3-26 所示。

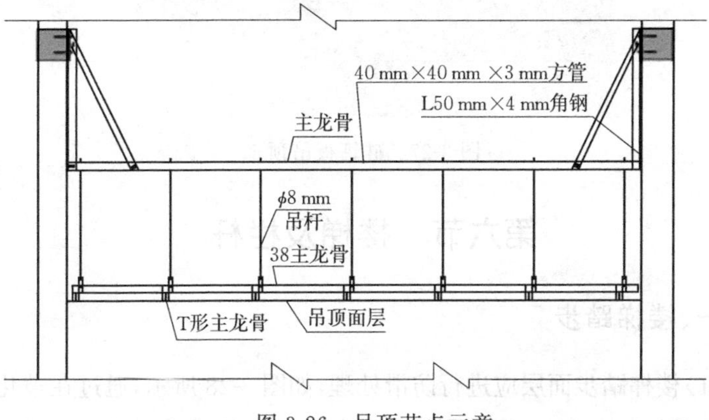

图 3-26 吊顶节点示意

(3)固定吊杆：ϕ8 mm 吊杆一端用螺栓与转换层进行固定，间距不大于 1 200 mm。

(4)安装配套龙骨：配套龙骨吊挂在吊杆上且配套龙骨的间距不大于 1 200 mm，端部悬挑应小于等于 300 mm；配套龙骨接长时，必须对接，不得搭接，应采取专用连接件连接固定，每段配套龙骨的吊挂点不得少于2处，相邻两根配套龙骨的接头要相互错开，不得放在同一吊杆内。配套龙骨安装完成后，应拉通线进行整体调平、调直，并调好起拱度。

(5)安装边龙骨：按墙面上的标高线在墙四周用水泥钉固定边龙骨，固定间距不大于300 mm。安装边龙骨前须完成墙面腻子找平。

(6)安装硅钙板：安装天花板时要按顺序依次安装，严禁野蛮装卸，安装时不要污染罩面板。

(7)清理：硅钙板安装完成后，需用布把板面全部擦拭干净，不得有污物及手印等，效果如图3-27所示。

图3-27　硅钙板吊顶

第六节　楼梯及栏杆

一、楼梯踏步

(1)楼梯踏步面层应进行防滑处理，如图3-28所示，通过在玻化砖或石材面上直接开槽，既可达到防滑效果，又不影响楼梯整体美观。

(2)防滑槽2～3道为宜，槽宽1 cm，槽深2～3 mm，槽间距2 cm，起步槽距离踏步边缘3 cm。

(3)楼梯踏面石材外挑3～5 mm，与侧立面交接分明，平整顺直，如图3-29所示。

图 3-28 楼梯踏面防滑处理

图 3-29 楼梯踏面石材外挑

二、踢脚线施工工艺

1. 技术要求

(1)踢脚线平直美观，上口平整光洁，接缝直线度允许偏差 2 mm。

(2)踢脚线粘结牢固，表面平整度允许偏差 2 mm。

(3)踢脚线突出墙面厚度不大于 15 mm。

2. 工艺要点

考虑到砖厚及粘结面厚度，在进行抹灰施工时预留踢脚线位置，保证粘结厚度及减少铺贴误差；铺贴时要拉线，保证铺贴完成后踢脚线平整度偏差不大于 2 mm；铺贴完成后，剩余未抹灰部位施工时，应保证最终踢脚线突出墙面厚度一致，如图 3-30 所示。

图 3-30　踢脚线

三、楼梯滴水线工艺

(1)为防止滴水倒流造成污染，在室内外楼梯端部做滴水线。

(2)滴水线宜采用成品石膏线，宽 60 mm，厚 15 mm，预留 10 mm 宽、7 mm 深凹槽，槽内分色，如图 3-31 所示。

(3)滴水线在梯井处应交圈，转角处 45°拼接，端头距墙 25 mm。

(4)滴水线在首层防火墙位置收头。

四、楼梯顶部平台挡台

(1)在楼梯间顶层或临空高度超过 2 m 的楼梯平台栏杆下应设防物体坠落挡台，临空挡台安装与整体装修风格协调一致，如图 3-32 所示。

图 3-31　楼梯间滴水线

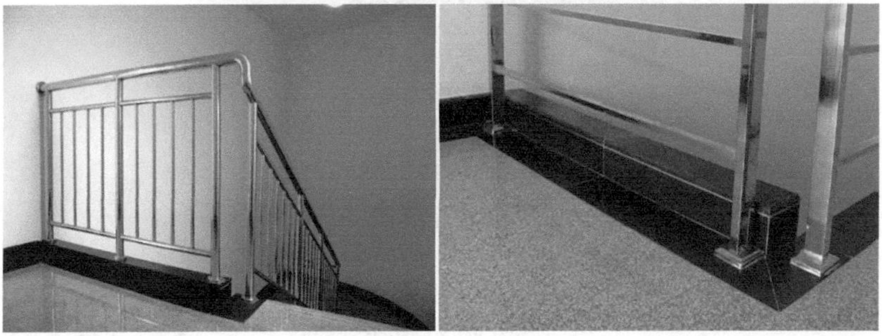

图 3-32　楼梯顶部平台挡台

(2)挡台面层宜与楼梯间踢脚线材质及高度一致,且高度不小于 100 mm,厚度宜为 120 mm。

(3)挡台外边沿与临空面平齐。

五、不锈钢栏杆安装施工工艺

(一)技术要求

(1)不锈钢栏杆工程所用材料的材质、规格、数量及安装方法必须符合设计要求。

(2)栏杆、扶手的选型、尺寸及安装位置应符合设计要求。

(3)栏杆扶手安装预埋件的数量、规格、位置以及栏杆与预埋件连接点应符合设计要求。

(4)栏杆高度、栏杆间距、安装位置必须符合设计要求。栏杆安装必须牢固。

(5)扶手转角弧度应符合设计要求,接缝应严密,表面应光滑,色泽一致,不得有裂缝、翘曲及损坏,如图 3-33 所示。

图 3-33　扶手

(二)工艺做法

1. 工艺流程

放线定位→预埋件预埋→检查预埋件→安装立柱、扶手→打磨、刷防锈漆→打磨、抛光→清理。

2. 工艺要点

(1)放线定位:依据图纸及控制轴线确定立柱位置,依据楼地面标高控制线,弹出不锈钢玻璃栏杆完成面的水平控制线。

(2)预埋件预埋:依据施工图纸和弹线,安装预埋件,位置、间距和数量应符合设计要求和安装施工要求,预埋件刷防锈漆。

(3)检查预埋件:楼梯表面砖铺设完成,并经检验合格后,依据施工图纸和弹线，检查预埋件的位置、间距和数量，是否符合设计要求和安装施工要求，对不满足要求的，根据要求补做预埋件。

(4)安装立柱、扶手：将两端立柱临时点焊于预埋件上，双向吊垂直，上端拉通线将平台部位的立柱点焊于预埋件上。已安装立柱再次吊垂直，拉通线检查是否平齐，将立柱上端临时固定，然后将立柱底部满焊在预埋件上。为了避免焊接时钢柱热变形，应采用对角施焊的顺序。安装扶手的高度、坡度一致，根据设计的扶手及栏杆形式，安装扶手与立柱，采用氩弧焊满焊连接。每梯段拉线安装中间位置立柱，吊垂直后满焊在预埋件上。

(5)打磨、刷防锈漆：清理焊接部位的焊渣，打磨光滑、平顺，刷防锈漆。

(6)打磨、抛光：扶手与不锈钢立柱连接件之间的焊口应打磨修平、抛光，使其与母材颜色一致。

(7)清理：对已安装的不锈钢栏杆进行清理，保证不锈钢制品干净。

第七节　公共卫生间

一、隔断板安装施工工艺

(一)技术要求

公共卫生间厕位隔断采用铝饰面蜂窝板，隔断板基座下边采用宽度为 100 mm 的压光不锈钢包边，必须保证隔断板平直稳定，连接完整牢固，整体美观，如图 3-34 所示。

(二)工艺做法

1. 工艺流程

划分格线→加工卫生间隔断板→安装底座→安装卫生间隔断侧板→安装卫生间隔断小横板→安装拉杆→安装卫生间隔断门→安装五金件→打胶。

图 3-34 铝饰面蜂窝板隔断

2. 工艺要点

(1)划分格线:根据现场尺寸和设计要求,合理划分格线。

(2)加工卫生间隔断板:根据现场划的分格线,加工卫生间隔断板,完成面高出地面 2 000 mm。

(3)安装底座:根据现场实际尺寸和设计要求划分的分格线,安装隔断板底座,用长铁钉与地面连接牢固。

(4)安装卫生间隔断侧板:根据已安装好的卫生间隔断板底座,将隔断侧板放置在底座槽内,然后用角码将侧板固定在墙面上,保证侧板能够垂直于地面和墙面。

(5)安装卫生间隔断小横板:将小横板放置在蹲台上,使其与地面和侧板垂直,再用角码将小横板固定在侧板上。

(6)安装拉杆:在卫生间隔断小横板上方安装拉杆,把一排小横板连接在一起。

(7)安装卫生间隔断门:安装完卫生间隔断侧板和小横板后,用合页将隔断门安装于隔断小横板上,要注意门的开启方向、安装位置等。

(8)安装五金件:依据设计好的门锁位置安装门锁、把手等,保证五金件安装牢固,满足使用要求。

(9)打胶:卫生间隔断安装完毕后在底座与隔断板交接处打密封胶。

二、榫卯式无铰链新型金属蜂窝板隔断施工工艺

(一)技术要求

(1)厕所隔间应采用内开门,门边设防撞减振隔声胶条。

(2)卫生间隔断板应与墙面、地面牢固固定,五金件采用不锈钢材质,隔断板与隔断板之间的连接五金件不应少于三处,隔间门合页不应少于3个,合页应选用轴式或穿通螺栓式,且带有自闭功能,如图3-35所示。

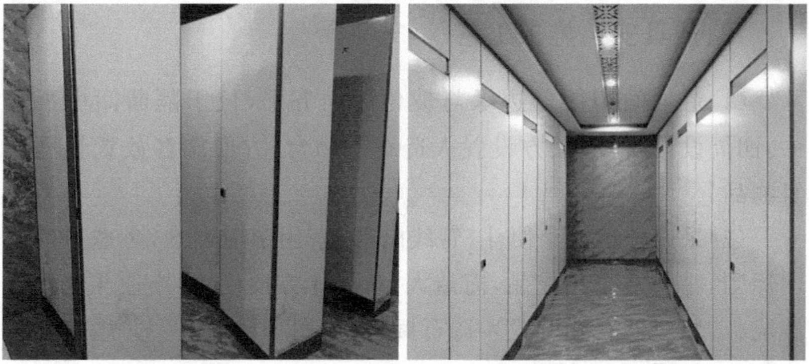

图3-35　榫卯式无铰链新型金属蜂窝板隔断

(二)工艺流程

施工准备→框架固定→组合结构、连接件固定→T形锁槽、卡位固定→检查卡位吻合相扣。

三、盥洗台施工工艺

(1)盥洗台采用台下盆安装方式,尺寸大小深浅适度,方便旅客使用,颜色选用浅色,增设儿童洗面盆。

(2)盥洗台采用人造石无缝拼接,设置圆弧倒角,水龙头采用

感应水龙头，水龙头距水盆位置适度，不得溅水。盥洗台底部设置可推拉式拆卸挡板，如图 3-36 所示。

图 3-36　盥洗台

四、洁具安装施工工艺

(1)卫生间蹲便器边缘与玻化砖面齐平，位于隔断间中央居中，四周设置斜坡，上方设置人造石搁物台，方便旅客放置轻型随身物品。

(2)采用挂墙式小便斗，管线暗敷，采用感应冲水，考虑节约用水原则，小便斗采用成品，简洁大方，尺寸方便使用，小便斗之间设置隔板，感应器上方设置人造石搁物台，搁物台顺直。并增设儿童小便斗，如图 3-37 所示。

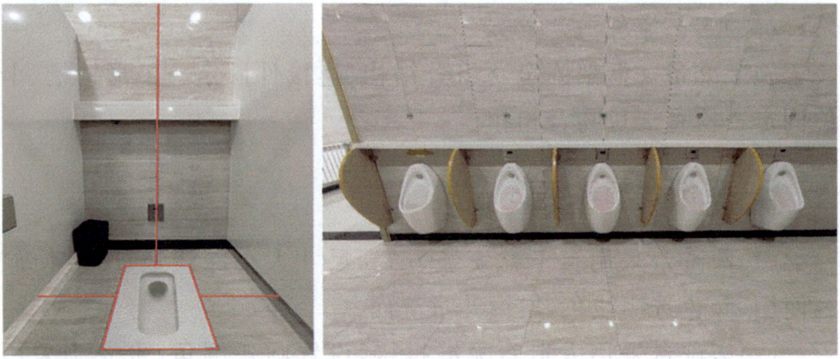

图 3-37　洁具

五、地漏安装施工工艺

(1)卫生间地漏居中布置,套割精细,设置于隐蔽位置。

(2)地漏宜布置在人不易踩踏处或转角部位,不应设在通道或位置明显处。地漏应耐腐蚀且具有可靠的水封性能,应安装在地砖中心,四周应设斜坡,坡度应符合相关标准要求。地漏四周地砖应45°割角拼缝、拼缝严密,如图3-38所示。

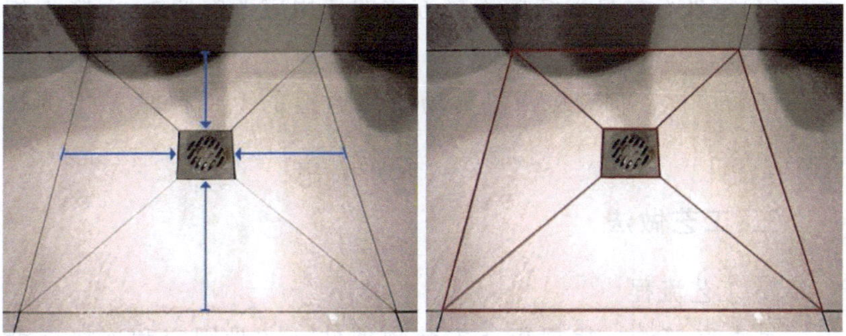

图3-38 地漏

第八节 干挂石材

一、技术要求

(1)干挂石材墙面的表面应平整、洁净,无污染、缺损和裂痕。石材颜色协调一致,无色差,无明显修痕。

(2)石材接缝应横平竖直、宽窄均匀,与地面砖严格对缝;阴阳角石板压向正确,板边合缝顺直;凹凸线出墙厚度应一致,上下口应平直;石材面板上洞口、槽边应套割吻合,边缘应整齐。

(3)进行图纸深化,对各类节点、门洞口细化。转角及阴阳角圆滑平顺。石材不应出现色差、裂纹、缺棱掉角及修补打磨痕迹。

二、细部要点

(1)石材幕墙分格尺寸应适宜,同一区域石材的颜色应均匀一致。

(2)石材幕墙应采用干挂石材,其构造应方便施工。石材厚度应结合安装方式和强度要求确定,厚度不应小于 25 mm,其抗压强度不应低于 MU110。挂件及紧固件应采用不锈钢材质。

(3)石材装饰阳角收边宜进行打磨、倒圆角处理。

(4)室外石材幕墙结构连接方式的选用应考虑伸缩、沉降不均匀等因素。

(5)石材装饰在人员密集场所和通道的上部严禁采用倒挂(贴)做法。

三、工艺做法

1. 工艺流程

吊垂直、套方、找规矩→安装预埋件→龙骨固定和连接→背栓、挂件安装→石材安装。

2. 工艺要点

(1)测量放线:根据设计图纸要求,石材安装前要事先用经纬仪打出大角两个面的竖向控制线,以便随时检查垂直挂线的准确性,保证顺利安装,并在控制线的上下做标记。

(2)龙骨安装:在地面上弹出石材完成面控制线,并标出竖向龙骨位置图,固定竖向龙骨后依据实际石材的单块高度在竖向龙骨上弹出各块的位置线及分块线。钢板用膨胀螺栓与墙面进行联结形成后置埋件。将竖向龙骨槽钢焊接在埋件上,龙骨与埋件进行双面满焊。检查合格后按分块线焊接水平龙骨(热镀锌角钢),水平龙骨在焊接前应根据石板尺寸、挂件位置提前进行打孔。水平龙骨分三段相邻焊接。经检查水平高度和焊缝符合要求后将焊渣敲干净,涂刷两遍防锈漆。

(3)背栓、挂件安装：将石材水平放置在有橡胶垫的操作平台上，将背栓装进石材孔内，背栓安装完成后要进行组件抗拉拔试验，合格后安装挂件。

(4)石材安装：将安装好挂件的石材嵌入龙骨转接件内，根据控制钢丝线复合石材位置，石材位置调整完成后紧固螺栓。

第九节　仿清水混凝土雨棚

一、技术要求

(1)仿清水施工完成后完成面颜色基本一致，无明显色差。

(2)基层处理完成后平整度符合仿清水施工要求，雨棚柱禅缝清晰，线形直顺。

(3)雨棚顶板混凝土模板拼缝处必须打磨干净。

(4)仿清水施工完成后雨棚挑檐下的滴水线必须保留，且滴水线线形必须顺直，槽深一致，如存在线形弯曲或槽深不一致的情况必须用专用腻子修补。

二、工艺做法

(一)工艺流程

施工准备→混凝土基层缺陷处理→清水腻子找平修补→滚涂清水混凝土专用底漆→拍花→涂刷仿清水罩面漆。

(二)工艺要点

(1)混凝土基层缺陷处理：清除基层表面上的灰尘、油污、疏松物；减轻或消除表面缺陷；改善基层表面的物理或化学性能，如图 3-39 所示。处理完成后基层的含水率必须低于 10%。

(2)清水腻子找平修补：将专用腻子充分调和，然后将原始涂层麻面、蜂窝、洞眼、残缺处填补好，满刮两遍专用腻子。第一遍要求刮抹平整、均匀、光滑、密实，待第一遍专用腻子干透后，用粗砂

图 3-39　混凝土雨棚基层处理

纸打磨平整，打磨后清扫干净，第二遍专用腻子在修补的过程中保留雨棚柱的禅缝，如图 3-40 所示，禅缝线形美观直顺。

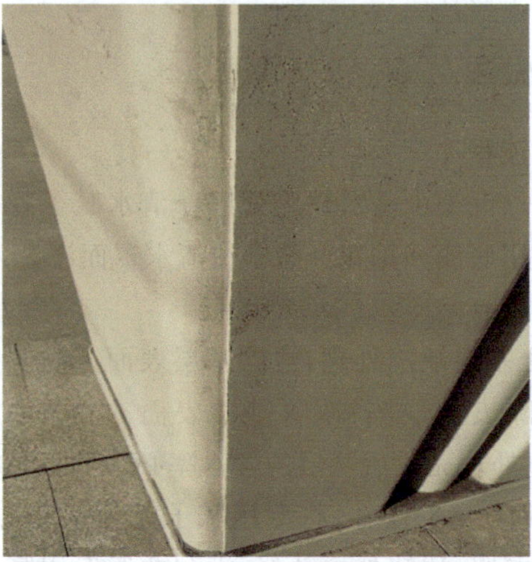

图 3-40　雨棚柱禅缝线形直顺

(3)滚涂清水混凝土专用底漆：采用滚筒滚涂或采用喷枪喷涂，先将柱角、节点、转角、混凝土接缝等部位用毛刷刷好之后，再做大面积涂刷。

(4)拍花：为了仿出清水混凝土真实效果需要将清水混凝土基底调整料用专用工具全面涂布，效果近于混凝土颜色的半透明状态。干燥后必须用砂纸将表面磨平。

(5)涂刷仿清水罩面漆：采用水性硅透气型保护面漆分两次涂装，两次面漆之间应间隔 1～4 h，第二遍面漆涂完之后，必须保养 24 h。

第十节　站台铺装

一、站台面铺装

(1)站台边缘至安全线的距离为 1 000 mm，安全线的宽度为 100 mm，提示盲道(点状)的宽度为 600 mm。站台外侧帽石应采用红色花岗岩石材，站台帽石厚度不应小于 50 mm，铺面的机刨缝应平行于轨道；安全线应采用耐磨、防渗漏、抗污染的防滑玻化砖，厚度不小于 15 mm；盲道砖应采用黄色特制专用材料，厚度不低于 20 mm(不含点厚)；盲道内侧为浅色站台铺面石材，如图 3-41 所示。

(2)站台铺面应采用花岗岩铺面，基本站台上花岗岩铺面板厚不应小于 50 mm，其他站台花岗岩铺面板厚不应小于 30 mm。

(3)站台面铺装石材宜选用麻面石材，封闭式站台可采用光面石材。

(4)站台铺面的标准块材尺寸应根据站台宽度、柱网尺寸、帽石、安全线、盲道等综合排定。站台铺面石材应综合考虑站台宽度、各类构筑物位置，匀称铺设，交接处收口应规整。块材大小不宜小于 600 mm×600 mm。

图 3-41 平直段站台铺面

(5)帽石铺装面缝应与站台面上的安全线、盲道及其他铺装材料面缝相对应;石材铺面所设伸缩缝应对应雨棚柱纵向居中设置。

(6)站台铺面的站台两端为弧形时,应在保证帽石、安全线、盲道宽度的基础上,不出现小于 1/2 站台铺面标准石材的小块石材,曲线段站台面应采用扇形分格形式铺贴,通过调整砖缝宽度达到边缘不出现错台,整齐顺滑。曲线内、外侧站台挡墙限界应按《铁路技术管理规程》曲线上建筑限界加宽方法的计算结果再加 20 mm 安全冗余量,如图 3-42 所示。

图 3-42 曲线段站台铺面

(7)站台面上井盖材质宜与站台面铺材一致，且井盖大小需与周围铺面协调，不应出现错缝；站台面上的帽石、安全线、盲道上不应设置各种井盖，井盖应装有拉环，方便维护时开启。

(8)站台上沉砂井应设置在雨棚柱 45°角方向，井盖支架可采用 L70 mm×70 mm×6 mm 的不锈钢角钢，钢板厚 8 mm，橡胶厚 20 mm，同时井盖刻字注明类型。

(9)当站台上设有消火栓时，宜按地下式设计，且盖板应与站台铺面协调一致。当必需设置在站台面以上时应结合站台相关设施设置，且不应影响旅客通行。

(10)桥式站台铺面应随结构变形缝设置，盖板宜采用铝合金防滑面板，需考虑足够的变形量及防水构造。

(11)站台铺面坡度不宜大于 1%，站房与基本站台相接时，应由站房坡向站台，门内外高差不应大于 15 mm，并应以斜面过渡。当基本站台侧的轨道有纵坡、站房与站台接口处出现倒坡的情况时，连接处附近应设截水沟等排水设施，避免水排入站房内，中间站台宜由中间往两侧找坡。

二、站台帽石反坎施工工艺

(一)技术要求

站台边缘砂浆粘贴密实，无砂浆脱落影响行车安全现象。

(二)工艺做法

1. 工艺流程

站台墙标高复测→植筋→钢筋绑扎→模板安装→混凝土浇筑→石材铺装。

2. 工艺要点

(1)反坎混凝土采用 C20 混凝土，反坎宽度 50～80 mm，厚度 40～50 mm，具体厚度根据站台墙标高确定，预留 1 cm 作为石材铺装偏差调整，如图 3-43 所示。

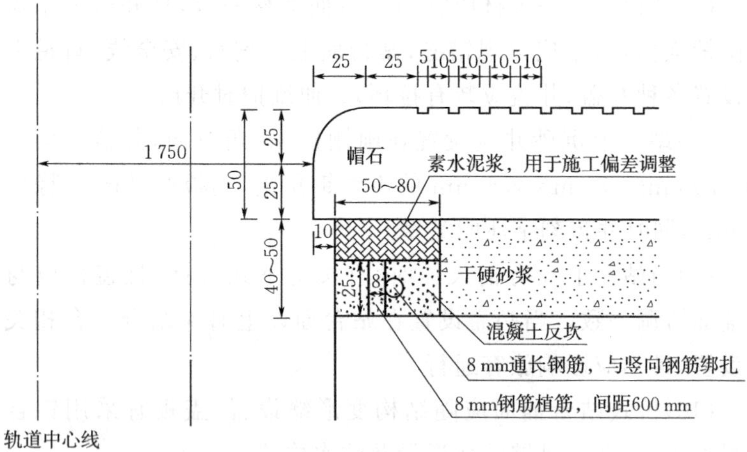

图 3-43　站台帽石反坎细部节点立面示意(单位:mm)

(2)反坎植筋 ϕ8 mm@600 mm，钻孔深度 10 mm，钻孔后，应用毛刷刷除孔壁松散的灰尘并吹除干净，植筋胶注胶饱满。

(3)反坎横向布置 ϕ8 mm 通长钢筋，距站台墙边缘 40～50 mm，与植筋钢筋绑扎连接。

第十一节　彩色透水混凝土地面

一、技术要求

透水性大、排水通畅，强度高，满足设计规范要求。

二、工艺做法

1. 工艺流程

施工准备→放线→基础找平→支基层模板→摊铺基准大孔透水混凝土→支面层模板→界面处理→摊铺露骨料透水混凝土→分色处另行支模→跳仓浇筑分色透水混凝土面层→养护→伸缩缝处理→色彩校正→双丙聚氨酯密封→检验验收。

2. 工艺要点

(1)透水地坪拌和物中水泥浆的稠度较大,且量较少,为了便于水泥浆均匀地包裹在骨料上,宜采用强制式搅拌机,搅拌 5 min 以上。

(2)在浇筑之前,路基必须先用水湿润。否则透水地坪快速失水会减弱骨料间的粘结强度。由于透水地坪拌和物比较干硬,将拌和好的透水地坪材料在路基上铺平即可。

(3)在浇筑过程中不宜强烈振捣或夯实。一般用平板振动器轻振铺平后的透水性混凝土混合料,但必须注意不能使用高频振捣器,否则会使混凝土过于密实而孔隙率减小,影响透水效果。同时高频振捣器也会使水泥浆体从粗骨料表面离析出来,流入底部形成一个不透水层,使材料失去透水性。

(4)振捣以后,应进一步采用实心钢管或轻型压路机压实压平透水混凝土拌和料,考虑到拌和料的稠度和周围温度等条件,可能需要多次辊压,但应注意,在辊压前必须清理辊轮,以防粘结骨料。

(5)透水地坪由于存在大量的孔洞,易失水,干燥很快,所以养护非常重要,尤其是早期养护,要注意避免地坪中水分大量蒸发。通常透水混凝土拆模时间比普通混凝土短,如此其侧面和边缘就会暴露于空气中,应用塑料薄膜或彩条布及时覆盖路面和侧面,以保证湿度和水泥充分水化。透水地坪应在浇筑 1 d 后开始洒水养护,淋水时不宜用压力水柱直冲混凝土表面,这样会带走一些水泥浆,造成一些薄弱部位,但可在常态的情况下直接从上往下浇水。透水地坪浇水养护时间应不少于 7 d。

第十二节　电气设备安装

一、配电柜、配电箱(盘)内配线施工工艺

(一)技术要求

柜、台、箱、盘的金属框架及基础型钢应与保护导体可靠连接,对于装有电器的可开启门,门和金属框架的接地端子间应采用截

面积不小于 4 mm^2 的黄绿色绝缘铜芯软导线连接，并应有标识。

柜、台、箱、盘等配电装置应有可靠的防电击保护措施，装置内保护接地导体(PE)汇流排应有裸露的连接外部保护接地导体的端子，并应可靠连接。

箱体内的 SPD 接线形式、型号、规格及安装布置应符合设计要求，接地导线位置不宜靠近出线位置，其连接导体应平直、足够短，且不宜大于 0.5 m。

箱(盘)内配线应整齐、无铰接现象；导线连接应紧密，不伤线芯、不断股；垫圈下螺栓两侧压的导线截面积应相同，同一电器器件端子上的导线连接不应多于 2 根，防松垫圈等零件应齐全。

箱(盘)内宜分别设置中性导体(N) 和保护接地导体(PE)汇流排，汇流排上同一端子不应连接不同回路的 N 或 PE。

箱(盘)内二次回路应成束绑扎，不同电压等级、交流、直流线路及计算机控制线路应分别绑扎，且应有标识；箱(盘)内的标识器件应标明被控设备编号及名称或者操作位置，接线端子应有编号，且清晰工整、不易脱色。

(二)工艺做法

1. 工艺流程

系统图梳理→二次接口交底→深化图核定→箱体安装→线缆敷设与固定→箱内接线→绝缘测试→通电试运行。

2. 工艺要点

(1)进出线缆入箱，理顺进出线缆，按不同电压等级及性质，采用尼龙扎带按照 100～200 mm 的间距分束绑扎。拐角两侧 30～50 mm 及分支处应绑扎，盘面引出或引进的导线应留有适当的余度，以便检修。

(2)剥削导线端头，并套相同颜色的热缩带，按照黄色(L_1)、绿色(L_2)、红色(L_3)、淡蓝色(N)、黄绿相间(PE)分别接入 A 相、B 相、C 相、N 线、PE 线端子上，PE 保护地线应压在明显的部位。多股线搪锡或压接线端子，将箱（盘）调整平直后进行固定。箱内配线应整齐，无铰接现象。导线连接紧密，不伤芯线，不断股，每个接线端子上的电线连接不超过2根，防松垫圈等零件齐全。同一垫圈下的螺栓两侧压的电线截面积和线径均应一致。导线端部采用不开口的终端端子或者搪锡，可转动部位的两端应采用卡子固定。

(3)铜芯导线连接应满足以下要求：

①截面积在10 mm^2及以下的单股铜芯线可直接与设备或者器具的端子连接；

②截面积在2.5 mm^2及以下的多股铜芯线应采用接续端子或者拧紧搪锡后再与设备或者器具端子连接；

③截面积大于2.5 mm^2的多股铜芯线，除设备自带插接式端子外，应接续端子后与设备或者器具端子连接；

④采用导线旋绕压接做法时，导线旋绕方向应与螺钉拧紧方向一致。

(4)箱内盘面板安装完毕后，采用相应电压等级的兆欧表对线路的线间和线对地进行绝缘电阻测试，并做好记录。其中馈线线缆不应小于0.5 MΩ，二次回路不应小于1 MΩ，二次回路的耐压试验电压应为1 000 V。

(5)配电箱（盘）安装及导线压接后，应先用仪表校对各回路接线。若无差错后试送电，检查元器件及仪表指示是否正常，并在卡片框内填写好线路编号及用途，线缆器件标识准确，如图3-44所示。

二、槽盒穿越楼板防火封堵施工工艺

(一)技术要求

敷设在电气竖井内穿越楼板和穿越不同防火分区的梯架、托盘、槽盒，应有防火封堵措施。槽盒内敷设完电缆后，对穿越楼板处做防火封堵，防火封堵材料均选用合格产品，符合防火要求。槽盒内侧（敷设完电缆后的空隙）采用防火包堆砌密实牢固，外部用防火泥覆盖，防火泥封堵均匀密实、表面平整。在竖向孔洞底部应安装防火板或钢板支撑，如图 3-45 所示。

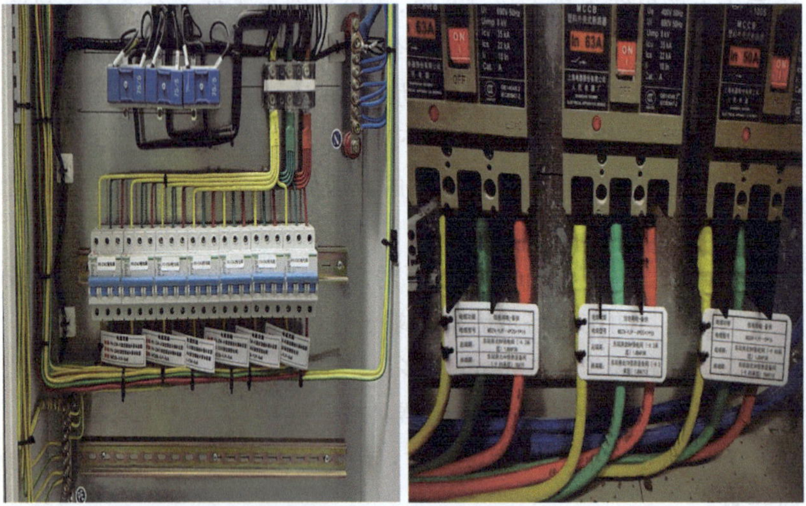

图 3-44　箱、柜内配线及标识

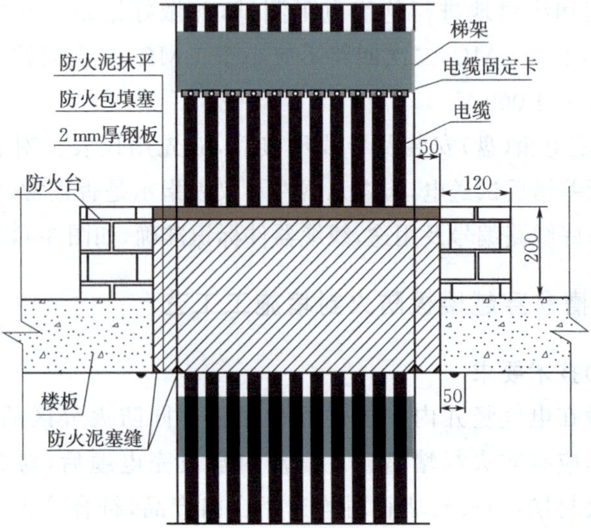

图 3-45　防火封堵节点示意(单位：mm)

(二)工艺做法

1. 工艺流程

槽盒内电缆敷设完成→防火台砌筑→钢板制作安装及防火泥塞缝→防火包填塞→防火泥塞缝抹平→涂刷油漆、张贴标识。

2. 工艺要点

(1)槽盒安装完毕,槽盒内电缆敷设全部完成,并且固定牢固。槽盒盖板接缝宜高于防火台 100 mm,方便拆卸。

(2)槽盒穿楼板处四周预留 50 mm 距离,沿预留洞口砌筑防火台,红砖砌筑,水泥砂浆抹面,防火台宽 120 mm,高 200 mm,如图 3-46 所示。

图 3-46 防水台

(3)根据洞口及槽盒的尺寸加工钢板,钢板的长、宽比预留洞口大 50 mm,每块钢板应不少于 2 道膨胀螺栓将钢板固定在楼板下方,孔洞封堵严密无缝隙。

(4)先用防火泥将钢板与楼板、槽盒接缝处封堵严密,然后在钢板上填塞防火包。填塞密实,外观整齐,填塞至防火台下 20 mm 处。

(5)最后用防火泥将防火包与电缆、槽盒、防火台间的缝隙全部填塞密实,并抹平至与防火台齐平。

(6)待防火泥干燥后,防火台涂刷与地面一致的地坪漆,防火泥与防火台接缝处张贴醒目标识,可采用 60 mm 宽的反光条粘贴。

三、防雷接地测试箱施工工艺

(一)技术要求

接地装置在地面以上的部分,应按设计要求设置测试点,测试点不应被外墙饰面遮蔽,且应有明显标识。接地测试箱如图 3-47 所示。

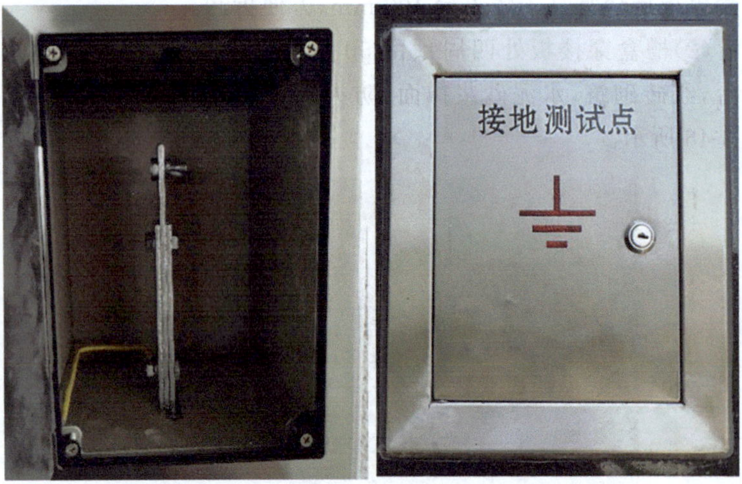

图 3-47 接地测试箱

(二)工艺做法

1. 工艺流程

测试点接地扁钢预留→接地测试箱安装→箱门跨接地线→测试点蝶形螺母安装。

2. 工艺要点

(1)测试点在结构预埋阶段需做好预留,安装接线箱前应将预留镀锌扁钢设置成竖向垂直方向。

(2)接地测试箱安装应平整方正。

(3)将测试接线箱箱门与预留接地镀锌扁钢可靠连接。

(4)安装接地测试点箱内蝶形螺母。

四、局部等电位干线联结施工工艺

(一)技术要求

需做等电位联结的卫生间内金属部件或零件的外界可导电部分,应设置专用接地螺栓与等电位联结导体连接,并应设置标识,连接处螺帽应紧固、防松零件应齐全。

(二)工艺做法

1. 工艺流程

卫生间台盆下敷设热镀锌扁钢等电位干线联结→热镀锌扁钢安装固定→各外露可导电金属部分通过干线联结与局部等电位端子箱连接→标识。

2. 工艺要点

(1)整排的卫生间台盆钢架上敷设25×4热镀锌扁钢作为等电位干线联结,外部粉刷黄绿相间的防腐涂层,等电位干线联结与局部等电位端子箱铜排进行可靠连接,如图3-48所示。

图3-48 局部等电位干线联结

(2)等电位干线联结敷设位置应保证固定点间距不大于500 mm,并尽量靠近需要等电位联结的构配件及插座。应控制等电位干线联结的平直度,确保跨接线与等电位干线联结的可靠电气通路。

(3)等电位干线联结与本层建筑钢筋网、金属构件、插座 PE 端子等设计要求的外部(或外露)可导电部分及局部等电位端子箱实现可靠连接,相应连接点设置接地标识。

第四章　铁路房建设备典型病害

第一节　站　　台

1. 站台墙伸缩缝受不均匀沉降影响断裂。

2. 站台帽石侧立面砂浆保护层开裂、脱落。

3. 盲道砖、安全线下沉。

4. 站台帽石固定不牢、外移。

5. 站台帽石鼓起。

6. 站台铺装面、站台帽石下沉、破损。

第二节 站 房

1. 站房外墙粉刷层空鼓、开裂。

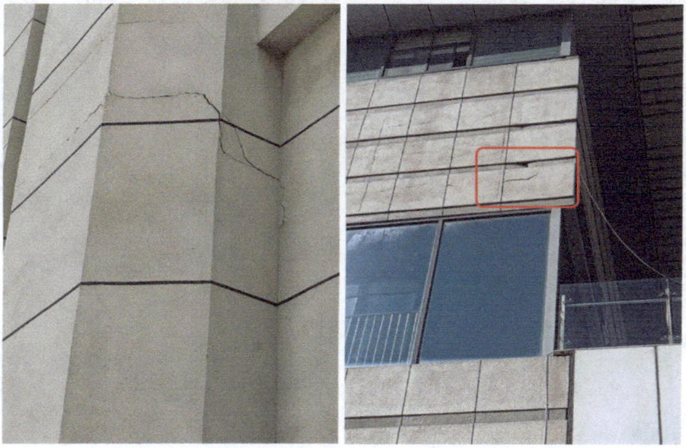

2. 外墙跟部密封胶失效。

3. 候车厅墙砖空鼓、翘起、破损。

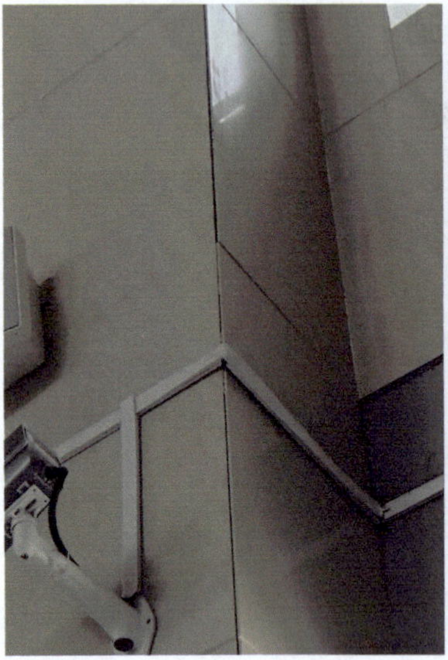

4. 吊顶板下坠、开裂。

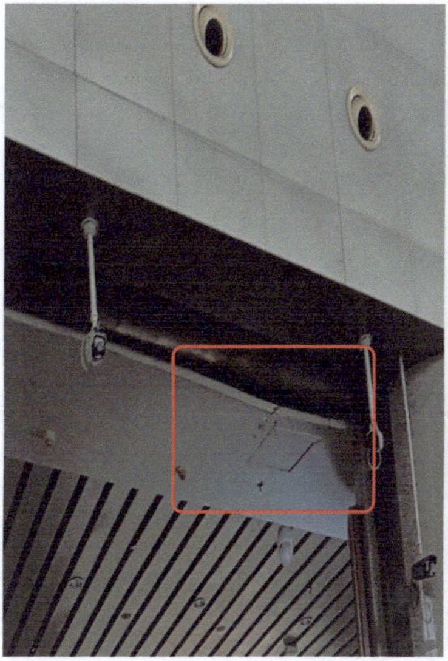

5. 候车厅漏雨。

6. 站房屋面防水保护层酥裂。

7. 金属屋面锈蚀、脱漆。

8. 金属屋面板自攻螺钉脱落。

第三节 钢结构雨棚

1. 钢结构雨棚金属屋面锈蚀。

2. 钢结构雨棚封檐板锈蚀。

3. 钢结构雨棚伸缩缝构件变形、松动。

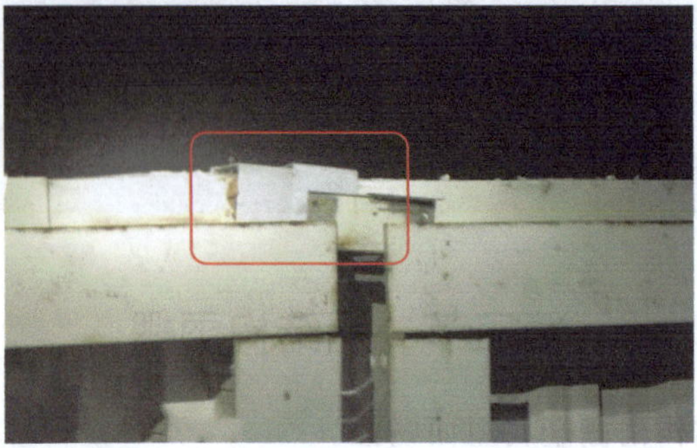

4. 雨棚吊顶固定不牢、下坠。

5. 雨棚吊顶龙骨锈蚀。

6. 雨棚钢梁、柱脱漆、锈蚀。

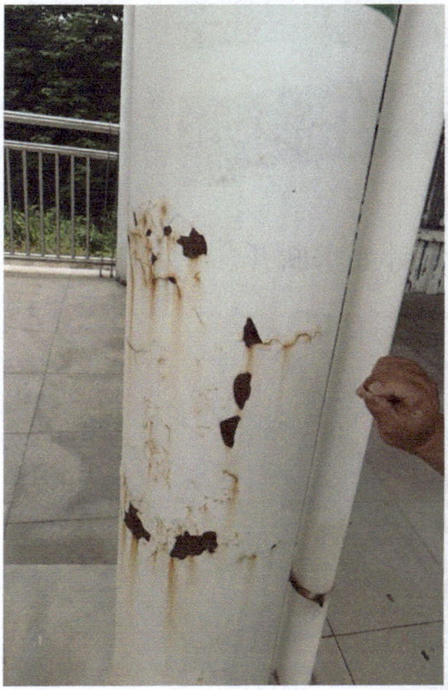

7. 雨棚檩条拉杆连接方式与设计不符，且 T 形连接件多数没有满焊。

8. 雨棚檩条与梁的联结螺栓安装数量与设计不符。

9. 雨棚变形缝处钢结构未按设计要求断开。

10. 封檐板未按设计施工。

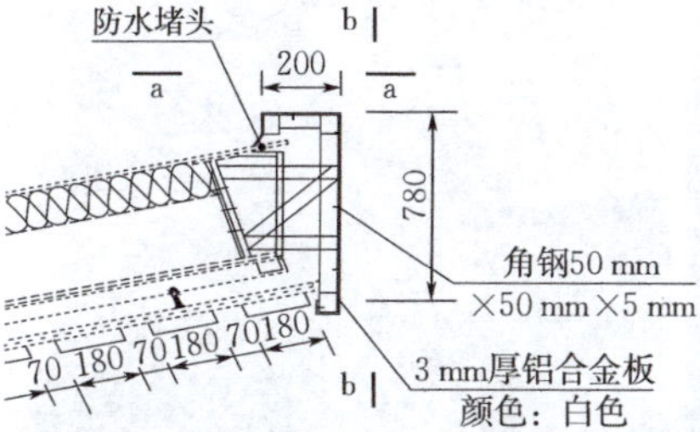

11. 雨棚构部件锈蚀。

12. 雨棚构件螺栓缺失。

13. 雨棚封檐板内部连接构件锈蚀。

第四节　混凝土雨棚

1. 雨棚顶棚粉刷层空鼓、开裂、脱落。

2. 雨棚落水口漏水。

3. 雨棚伸缩缝因盖板密封不严导致漏雨。

第五节　连廊雨棚

1. 玻璃连廊雨棚与站台挡墙结合部密封不严导致漏雨。

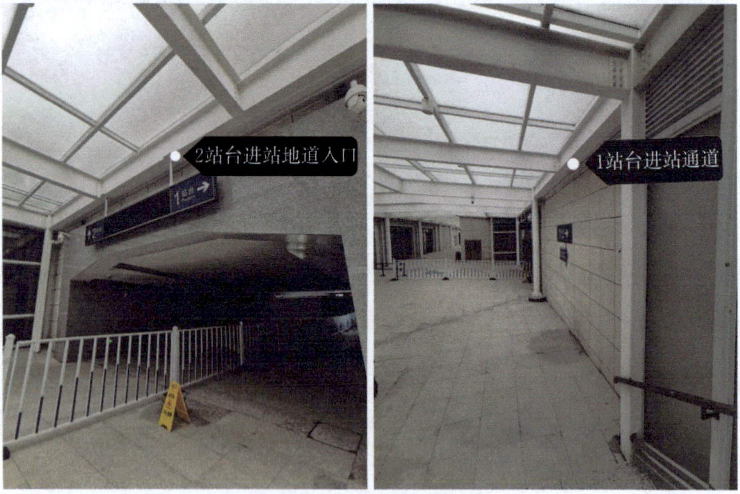

2. 连廊雨棚采光天窗密封不严导致漏雨。

3. 玻璃连廊雨棚结构接缝处密封胶失效导致漏雨。

4. 连廊雨棚与站台挡墙结合部盖板翘起导致漏雨。

第六节 旅客地道

1. 旅客地道伸缩缝密封不严导致渗水。

2. 地道口墙面因雨棚地埋落水管断裂导致漏雨。

第七节　生产生活房屋

1. 屋面检修口裂缝且防水层脱落导致漏雨。

2. 卫生间等用水房间防水失效导致墙面潮碱。

3. 室内空调管路保温不严结露滴水。

4. 外墙粉刷层空鼓导致雨水渗入室内。